Mulberry

桑の文化誌

ピーター・コールズ 著
Peter Coles

上原ゆうこ 訳

花と木の
図書館

原書房

［……］は訳者による注記を示す。

イタリアのブラックマルベリーの古木、2010年。

序　章　桑の物語へ

たいていのいとこがそうであるように、桑の木の主要3種――ブラック、ホワイト、レッドマルベリー――は、同じ仲間の植物ではあるが、それぞれとても違った個性をもっている。北アメリカ原産のレッドマルベリー（*Morus rubra* アカミグワ）は背が高くなる傾向があり、よそへはあまり広まらず、あいにくそれほどうまくやっているとはいえない。これに対し、ブラックマルベリーとホワイトマルベリーは世界中に広まった。どちらも高さが10メートルを大きく超えることはなく、あちこちで盛んに生育している。しかし、両者の性格はかなり違う。

ブラックマルベリー（*Morus nigra* クロミグワ）が人間だったとしたら、頑固で打ち解けず、ひとりでいるのが好きだが、賢くて気前のよい個性あふれる人だろう。地球上で何万年も過ごしてきたにもかかわらず、ブラックマルベリーは果実の大きさと形を除いて顕著な変異をほとんど生じてこなかった。それでもクワ属のほかの種と一緒になるのはきっぱりと拒否し、逆説的ではあるが、各細胞にある染色体の組数がほかのどの顕花《けんか》植物よりも多い。ペルシア（現在のイラン）、中央アジア、

E. スレレットによるイラスト、1909年。童謡「桑の木のまわりをまわろう」の木は、おそらくもともとはブラックベリーかブランブルの茂みで、桑の木ではなかったのだろう。

東地中海地域にある本来の自生地を出て北アメリカやヨーロッパ諸国へ広まったが、アジアに本当に定着したことはない。

ホワイトマルベリー（*Morus alba* マグワ）はほとんど正反対である。人間でいえば、社交的で人づきあいがうまく、融通がきいて、出しゃばらず、義理堅くて、他人のために尽くすのに慣れている人だろう。

東アジアとヒマラヤの低地林が原産地で、現在では世界のどの大陸でも見られ、多くの変種や亜種があって正確にどれだけあるかは誰も知らない。ホワイトマルベリーは容易に交雑し、アメリカ在来のレッドマルベリーが遠い将来も別の種として存続できるかが危ぶまれるほどである。

原産地の中国では、ホワイトマルベ

マリア・ジビーラ・メーリアン、「桑の葉、蚕、繭」、『ヨーロッパ産鱗翅類』（1730年）より。

リーは伝説の宝庫である。それは世界軸、すなわち10個の太陽が生まれるところである。これほど長い間、これほど多くの文明の経済的文化的繁栄に大きな役割を果たした木はほかにない。ホワイトマルベリーの葉は、目が見えず飛ぶこともできない飼いならされた蛾、すなわちカイコガ（*Bombyx mori*）の幼虫の唯一の食物である。しかし、カイコガは普通の蛾ではなく、その幼虫も普通のイモムシではない。蛹《さなぎ》になる準備ができると幼虫は生糸を吐いて繭《まゆ》をつくり、「シルクワーム」（蚕）と呼ばれるようになった。19世紀後半にレーヨンなどの合成繊維が開発されたにもかかわらず、今日でも、世界で取り引きされている蚕の繭は、年に17億ドル以上に相当する。[1]

4700年前に絹の作り方を発見した中国人は、2500年以上にわたってこの方法を――あまり目立たないがきわめて重要な役割を果たす桑の木とともに――独占し続けた。中国における絹生産は、誤った名称ではあるがシルクロードと呼ばれるようになる道路網にそった往来を盛んにした原動力のひとつである。この道路網は絹の発見より何世紀も前からあり、ヒスイ、宝石、金、ラクダ、思想、宗教、技術――そして人々――が運ばれた。[2] また、ホワイトマルベリー（*Morus alba*）がその自生地の範囲を越えて初めて西方へもたらされたときにたどったルートだったことは間違いない。[3]

蚕はブラックマルベリーの葉も食べるが、ホワイトマルベリーの葉を食べた場合に比べて、できる絹は粗く、幼虫はそれほど盛んに成長しない。絹糸を生産するための総合的な農業技術（「養《よう》蚕《さん》」と呼ばれる）[4] が紀元前2世紀から中国の外へ広まると、ホワイトマルベリーがまだなかったところにも、いずれこの植物がやってくることになる。

桑と絹の結びつきが強いため木自体の影が薄くなってしまうことが多く、桑の木は、絹産業に燃料を供給することが唯一の役割の、葉の生物工場としかみなされなくなった。中国のホワイトマルベリーでもっとも一般的な種（*Morus bombycis* ヤマグワ）は、かつては「シルキーマルベリー」とさえ呼ばれた。葉の工場という考え方は誇張ではない。クローンの桑を広大な農園で2万5000本も栽培し、肩の高さまでに剪定《せんてい》して機械で葉を収穫する場合もある。このように刈り込まれた低木は、古い桑の木がなることのある巨木とは大違いだ。たとえばインドのヒマラヤ地方のジョシーマト渓谷にあるカルプリヴシュと呼ばれる聖木《せいぼく》は幹まわりが21・5メートルあり、樹齢1200年以上だといわれている。[5]

養蚕が東地中海地域にもたらされてから、ホワイトマルベリーがそれに追いつくまでの数百年の間、在来のブラックマルベリーの葉が蚕の餌に使われた。中〜後期ビザンティン帝国（6世紀から15世紀初め）の有名な絹も、ペルシア、ギリシア、スペイン、シチリア、イタリア、フランスの絹も、すべて最初はブラックマルベリーの葉を与えた蚕から作られたのである。スペイン南部と北アフリカには、10世紀にムーア人が養蚕とともにブラックマルベリーをもたらした。17世紀初めのイングランドで絹産業を興そうとジェームズ1世が試みたが（失敗に終わった）、そのときもフランスから輸入したブラックマルベリーの木に頼っていた。

しかし、工業型農業をするとなると、ブラックマルベリーは「うってつけの木」ではない。この木は少なくとも、何千年もかけて栽培植物になったのちは、どちらかというと単独で生育する樹木である。ブラックマルベリーといえば、よく知られている木陰のほか、血のように赤い果汁たっぷ

ブラックマルベリー（*Morus nigra*）はどっしりした枝を広げ、傾いていることが多い。
ハムステッド共同墓地、ロンドン、2017年。

ホワイトマルベリー（*Morus alba*）の老木、ロングウッド庭園、ケネット・スクエア、ペンシルヴェニア州、2009年。

りの実で、古代から詩人の想像力を刺激してきた。赤ワインとよく似た酸味のある甘さをもつ実は、摘むとほとんどすぐにつぶれてしまう。乾燥させたり運搬したりできず、市場に出せるのは木が近くにある場合だけである。ローマ人はそれを知っていて、約２０００年前にイングランド南部、フランス、ドイツに住みついたとき、そこにブラックマルベリーを植えた。抗酸化物質などの有効成分に富み、ブラックマルベリーは中世の修道院の診療所の庭によく植えられた。果樹園がまるまるひとつ必要だったわけではない。十分に成長した木が１本あれば、その修道院にいる病気の修道士が食べきれないほどたくさん実をつける。

これに対し、ホワイトマルベリーの実は名前のとおり白っぽく、本来、味は淡泊である。「風味がない」ともいわれてきたが、これには乾燥、貯蔵、輸送、商品化が容易だという商業上のメリットがある。漢方薬の材料で、料理で甘味料としてよく使われる。乾燥させたホワイトマルベリーの実は、東南アジアとトルコから世界中に送り出されている。この植物が世界に広まるのは当然のことだった。

あまり目立たない木であるにもかかわらず、ホワイトマルベリーは世界でもっとも高価な木材を生み出すという評価を得てきた。東京の南、太平洋上のたったふたつの火山島にある数少ない稀少な木から、密な木目と「シャトワヤンス」と呼ばれる輝きを放つめずらしい性質をもつ金色の材木がとれる。それは日本の熟練した高級家具職人に選ばれる特上の木材であり、かつては皇室のためだけに使われていた。[6]

養蚕は、中国の大部分と日本のあたりだけでなく、ペルシアからピエモンテ（イタリア）、プロヴァンス（フランス）からペンシルヴェニア（アメリカ）までの風景を一変させた。ギリシアでは、ひとつの地域全体が桑にちなんだ名前をつけられた（モレア――現在のペロポネソス半島）。もしかしたら、その形が桑（モルス）の葉に似ていたからかもしれないし、かつてそこにブラックマルベリーがたくさん生えていたからかもしれない。

　絹産業は何千年にもわたり、帝国や国の栄枯盛衰のように盛んになったり衰退したりした。一時は、高品質の絹は中国よりむしろイタリア産の場合のほうが多かった。しかし、世界をひとめぐりした養蚕は、現在では発祥の地である中国とインド――ここには桑を使わない絹も４５００年前からあった――へ戻ってきた。ヨーロッパとアメリカの絹産業が19世紀に（蚕が病気で多数死んで）衰退し、あとには放棄された桑の段々畑が残され、今日では古い農家――おしゃれなホテルになっていることもある――の中庭に樹齢百年を超える木が立っていたり、ポラードにされて田舎道や村の通りにそって並んでいたりする［ポラードとは、木が望みの高さまで成長したら側枝《そくし》を切り、新しく出た枝を繰り返し基部《きぶ》近くまで切り戻してできる、枝が密集した樹形］。場合によっては、名前しか残っていないこともある。たとえばニューヨーク市のロウアー・マンハッタンにあるマルベリー・ストリート、ロンドンのチェルシーにあるマルベリー・ウォーク、パリのサンモール郊外にあるプラス・デュ・ミュリエ……これらはみな、ずいぶん前になくなった桑園のなごりである［ミュリエはフランス語で「桑」の意］。

　ロンドンをはじめとするイングランドのいくつかの都市にある、４００年前のジェームズ1世の失敗に終わった養蚕計画で植えられた桑の木の子孫は、消えて久しい過去の生きた証拠であり、都

この倒れたブラックマルベリーの木は、それが植わっているサフォーク州（イングランド）のチューダー様式の家と同じくらい古いかもしれない。

市開発で造成された土地に幾重にも囲まれて、驚くような場所で生育していることも多い。これらの古木は、土地に対する特別な思いや地元のコミュニティーのアイデンティティと強く結びついている。そうした木は目印になるような存在だったり子供たちの遊び場だったりする。そして、夏に枝の間を登って熟した実を揺すり落とすところでもある。都市の神話を生き続けさせることもある。たとえば、ロンドン南部のペッカム・ライに古い桑の木があり、イギリスの詩人ウィリアム・ブレイクが星と天使を見たのはここだといわれている。ケンブリッジにはミルトンの桑の木、ロンドン北西部にはキーツの桑の木、デトフォードにはピョートル大帝の桑の木、ベスナル・グリーン（ロンドンのもと絹労働者地区）にはボナー主教の桑の木がある。

こうした「歴史的」なブラックマルベリーの樹齢を特定する作業は、なかなか難しい場合もある。

オガサワラグワ（*Morus boninensis*）は日本の小笠原諸島の固有種である。ある島の切り株には年輪が2800本あった。

ブラックマルベリーは急速に成長して、瘤《こぶ》や隆起やまくれのある太い幹になり、傾いたり倒れたりする傾向があって、まだ比較的若くても、とても古く見えることがある。今は亡きイギリスの樹木学者アラン・ミッチェルは、よく知られているように、サフォーク州イースト・ベルゴット・プレイスの古そうに見えるブラックマルベリーを、その幹の外周に基づいて樹齢300年と判定した。しかしあとで判明したように、実際にはわずか64年前、現在の所有者が生まれた日に植えられたものだった。[7]

　ブラックマルベリーほど長くは生きないといわれることの多いホワイトマルベリーでも、驚くような樹齢に達することがある。東京の南、1000キロも離れた小笠原諸島（ボニン諸島）には、19世紀まで（少なくとも西洋には）知られていなかった固有種のホワイトマルベリー（*Morus boninensis* オガサワラグワ）が自生している。島のひとつで発見された切り株の年輪から、それが樹齢2800年を超えていることが確認された。残念ながら、1世紀にわたる伐採と、持ち込まれたホワイトマルベリーとの交雑により、この種は絶滅しそうになっている。

本書ではペーパーマルベリー（カジノキ）についても論じるが、実際にこれは肩書だけマルベリーの仲間というわけではない。もうクワ属（*Morus*）の種とはみなされておらず、学名が *Morus papyrifera* から *Broussonetia papyrifera* に変わった。その樹皮が高く評価され、中国、日本、朝鮮半島、太平洋の島々で何世紀も前から布や紙を作るのに使われてきた。最初の紙幣もそうで、しばしばホワイトマルベリー（*Morus alba*）の樹皮と混ぜて使われた。[8]

本書の第1章では、マルベリーのおもな種類――ブラック、ホワイト、レッド、そしてペーパーマルベリー――の区別の決め手となるいくつかの特徴についてさらにくわしく見ていく。樹木に関する本は、多少なりとも植物学にふれないわけにはいかないのである。第2章では、絹の産業規模での生産を可能にした、人間がとりもった桑と蚕のすばらしい結婚をたたえて、その起源を新石器時代の中国とゆっくりとした西進の始まりまでさかのぼってみる。第3章では自生地でのブラックマルベリーに注目し、初期の絹産業の需要に応えるためにしばらくのあいだ利用されたときのようすも見ていく。第4章では、養蚕のための桑の木がしばしば宗教的あるいは民族的迫害を逃れて亡命する織工たちとともに移動したことを明らかにする。第5章では絹から離れ、古代以来、桑が芸術家や作家にどのように刺激を与えてきたかを見ていく。そして最後に第6章で、どうということのないうがい薬から日本の茶道で使われる見事な木製品まで、これまでそして今も続いている、桑の非常に多様な用途のいくつかに光を当てる。

本書を書いている間、桑をもう一度絹と結びつけ、絹のエキゾチックで魅惑的な歴史に没頭したいという誘惑にずっとつきまとわれていた。私はこの誘惑に抵抗し、それ自体が畏敬の対象となっているこの木に焦点を戻そう、もともと備わっている美しさ——単独でも集団でも——、そして樹木の世界でほかのすばらしい木々に並ぶ地位を得る資格があることをたたえようとしてきた。つまり、桑の物語を話そうとしてきたのである。

第1章 黒、白、赤

クワ属（*Morus*）が初めて出現したのは約6350万年前で、熱帯と温帯の顕花植物からなる大きなクワ科（Moraceae）に属す。クワ科は37の属に分けられ、推定1179の種があって、イチジク（*Ficus carica*）もそのひとつで、葉がホワイトマルベリーの切れ込みの入った葉や一部のブラックマルベリーの若枝についた葉とよく似た形をしている。

クワ属が正確にいくつの種に分けられるかについてはいくらか混乱があり、同じ種に異なる名前が使われることもよくある。キュー・プラント・リスト[1]によれば、クワ属（*Morus*）に登録されている217の植物名のうち、本当に別個の種として認められているのは17しかない。ほかは、同一の種に異なる名前がつけられているか、まださらに分類する必要があるものだ。さらに、最近のゲノム分析により、本当に別個の種といえるのは*M. alba*、*M. nigra*、*M. notabilis*、*M. celtidifolia*、*M. serrata*、*M. insignis*、*M. rubra*、*M. mesoygia*の8つだけではないかと考えられている。[2]

1607年にイギリスの学者ニコラス・ジェフがある論文を翻訳した。それは、フランスの農学

ブラックマルベリーの実は、複数の花に由来する「多花果（たかか）」である。花は尾状花序で、雄花と雌花があり、多くの場合、同じ木につく。絵はB. タナーによる。ヨハネス・ツォルンの『薬草図』（1780年）より。

者で王室の蚕の専門家であるオリヴィエ・ド・セール（温室の改良も手掛け、偶然にもフランス語で温室を「セール」という）により、1599年にフランス語で初版が出版された、蚕の餌にするための桑の木の栽培と蚕の繭《まゆ》から絹糸を作る方法に関する、当時としてはもっとも信頼のおける論文だった。[3]『蚕の完璧な利用法とその恩恵 *The Perfect Use of Silk-wormes, and their Benefit*』と題したジェフの訳書のなかで、セールは当時知られていたクワ属のふたつの主要な「系統」について的確に記述している。[4] セールは次のように述べており、マルベリー（桑）についてこれ以上多くの情報を100語に詰め込むのは難しいだろう。

マルベリーには、ブラックとホワイトという言葉によって区別されるふたつの系統があり、木材、葉、果実の点で相違がある。それでも、寒さの害を受ける危険が去ってから遅くに芽を出し、葉で蚕を飼うことができるという点は共通している。ブラックマルベリーは木材が堅く丈夫で、葉は大きくて手ざわりが粗く、実は黒くて大きく、食べるとおいしい。しかし、ホワイトについては、明らかに3種、あるいは3種類が知られており、白、黒、赤という果実の色だけで区別される。[5]

ホワイトマルベリーのいくつかの種が白い実を、ブラックマルベリーが非常に暗い紫色の実をつけるのは本当だが、果実の色は区別するうえで頼りになる決定的な要素ではない。ホワイトマルベリーのいくつかの種は黒い実をつけるし、レッドマルベリーの実は暗紫色《あんししょく》に変わる。「ブラック」

ブラックマルベリー（*M. nigra*）は普通、10〜12メートルを超えることはない。

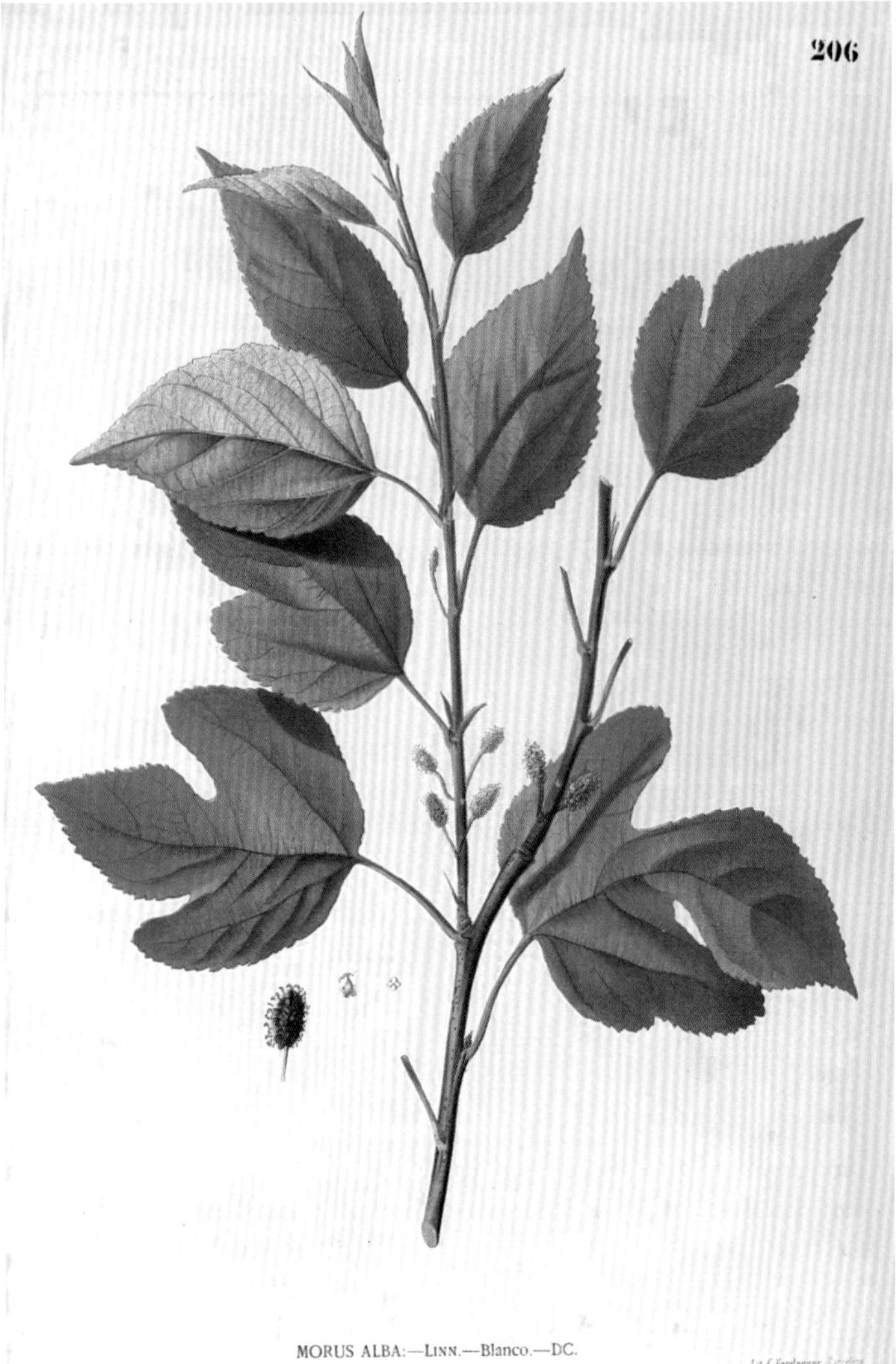

フランシスコ・ホセ・ドミンゴ、「*Morus alba latifolia*」、フランシスコ・マヌエル・ブランコの『フィリピンの植物相』(1880〜83年)より。

(*nigra*)と「ホワイト」(*alba*)の種の区別はじつは芽の色に基づいている。ホワイトマルベリーの芽は淡褐色で、ブラックマルベリーの芽は暗褐色から黒色なのである。しかし、イギリス人入植者が1607年に初めてヴァージニアにやってきて新たな種を見つけたとき、アジアの外ではブラックとホワイトの2種類しか知られていなかったため、果実が暗赤色をしていることからレッドマルベリー(*Morus rubra*)と命名された。

だが、桑類の圧倒的多数が、ホワイトマルベリーの自然に発生した変種か栽培品種である。ジャパニーズマルベリー(*Morus japonica* ヤマグワ)、インディアンマルベリー(*Morus indica* インドグワ)、ワイルドコリアンマルベリー(*Morus australis* シマグワ)、チャイニーズマルベリー(*Morus multicaulis* ログワ)のように、一般にホワイトマルベリーの種とされているが非常に近い関係にあるものがいくつもある。ウィリアム・ビーンは、よく知られた概論『高木と低木 *Trees and Shrubs*』(現在ではオンラインのデータベースになっている)で、中国中部に自生する *Morus cathayana*(ケグワ)をこのリストに加えている。[6] これらはみな広く絹生産に使われている。これに対し、いわゆるペーパーマルベリー(*Morus papyrifera* または *Broussonetia papyrifera* カジノキ)はその樹皮に価値があり、昔から中国、日本、韓国、太平洋のいくつかの島で紙を作るのに使われてきたが、もうクワ属(*Morus*)の植物とは考えられていない。

中国人は何世紀も前から、ホワイトマルベリーの自然に発生した多くの変種に名前をつけていたが、中国の文献にはブラックマルベリーへの言及はほとんどない。15世紀にようやくホワイトマルベリーがやってきたヨーロッパでは反対で、初期の記録にはブラックマルベリーへの言及しかない。

◉いちばん賢い木

1世紀のローマの博物学者である大プリニウスは、著書の『博物誌』に、桑の木は「遅く芽を出す」傾向があると書いている。

この木は、町中《まちなか》にある木のなかでは芽吹くのが最も遅くて、寒気が過ぎ去ってから初めて発芽する。そのために、いちばん賢い木だといわれている。だが、いったん発芽し始めると、全体がいっせいに芽吹くので、弾けるような音さえ伴なって発芽が一夜で終了するほどである。[7]『プリニウス博物誌 植物篇』大槻真一郎訳／八坂書房」

桑の葉が一夜にして音をたてて弾けるように出るというプリニウスの主張は割り引いて考える必要がある。ただし、葉がいっせいに芽吹くというのは本当で、ひとつの木全体、さらには近くにある木で、ほとんど同時に起こることもある。音が聞こえるか聞こえないかは、なんともいえない。しかし、桑は「いちばん賢い木」だというプリニウスの言葉はうまい表現で、現代の園芸知識にも受け継がれている。イギリスの〝ガッシー〟・ボウルズはエドワード7世時代の園芸家で、新しいクロッカスの園芸品種を開発したことでよく知られているが、ロンドン北部のミドルトン・ハウスの庭でブラックマルベリーの葉が晩春に芽吹くのを、いつも「この厄介な寒の戻りが天気をもてあそぶのをやめた[8]」しるしとして使った。

ブラックマルベリーの芽（閉じた芽）

ブラックマルベリーの芽（開きつつある芽）

ブラックマルベリーの葉（出葉）

ブラックマルベリーの葉（展葉）。大プリニウスは、桑の芽は弾けるような音とともに突然開く —— ただし最後の霜が過ぎてから —— と主張した。

クワ属のモルス（*Morus*）という名前自体、この遅い出葉《しゅつよう》と結びつけられるようになった。これはもともとは、ブラックベリーを意味するインド・ヨーロッパ祖語のモロという語根《ごこん》に由来する。これが古代ギリシア語でモロン、ラテン語でモルムになり、どちらもブラックマルベリーを意味する。同音異義語で遊ぶのが好まれていたため、古代の人々は桑を「遅れ」（ラテン語でモラ）や「ゆっくりしていること」（ギリシア語でモロス）と結びつけた。いちばん賢い木にしては皮肉なことに、モラは「愚かな」ことも意味するようになった。そして、桑は葉を出すのが遅いため賢い――この賢く愚かな桑というオクシモロン（矛盾する語句を並べる修辞法）から多くのものが生まれた。興味深いことに、「オクシモロン」という言葉自体、ギリシア語のオクスース（鋭い）とモーロス（のろい、あるいは頭が鈍い）に由来し、鋭く鈍い、つまり「賢く愚かな」という意味がある。[9] *morus* の語根は、mûre／mûrier（フランス語）、Mauerbaum（ドイツ語）、Moerbelieboom（低地オランダ語）、meremn（中期アイルランド語）、merwydden（ウェールズ語）のように、多くの言語でマルベリーの訳語に残っている。そして、古英語のマーリィ（murrey）は、ブラックマルベリーの実のような暗紫色の色の名前として使われた。

　ブラックおよびホワイトマルベリーのもうひとつの共通の特徴が、セールがすでに気づいていたように、どちらの葉も「蚕を養う」のに使えるということだ。ホワイトマルベリーが中国から、カスピ海、黒海、地中海周辺の国々、ペルシアやトルコからギリシアやイタリアまで、さまざまな国へもたらされるまでは、利益の上がる絹産業を発展させるために在来のブラックマルベリーの葉が使われていた。エストニアの社会歴史学者ヴィクトル・ヘーンは、1891年に出版された面白く

Morus alba pendula（シダレグワ）、聖ニコラス教会、デトフォード、ロンドン。

てちょっとかわった著書『植物と動物の放浪 *Wanderings of Plants and Animals*』で次のように述べている。

〔ブラックマルベリーを〕最初に植えた人たちは、黒っぽい果実のことしか考えておらず、いつか、その粗い手ざわりの葉が、小さなイモムシの体を通って種々の変身をとげることにより、軟らかいきらめく高価な薄布になるとは、夢にも思っていなかった。[10]

だから、イングランドのジェームズ1世が1609年にブラックマルベリーを使って絹産業を興そうとしたとき、よくいわれるように彼の選択が間違っていたわけではない。しかし、ヨーロッパでようやくホワイトマルベリーが養蚕に使われ始めると、その葉は、営利目的で飼育される飢えた蚕の主食として、あらゆるところでブラックマルベリーの葉を徐々に駆逐していった。

桑の穂木を台木に接いだところ

◉ブラックマルベリー

　ブラックマルベリーは落葉樹で、畝《うね》状の隆起がたくさんある赤みを帯びた樹皮によって簡単にほかと区別でき、大きな瘤ができて節くれだっていることが多い。また、ピサの斜塔のように、はっきりわかるほど傾く傾向がある。十分に成長した木は、樹冠《じゅかん》の幅が木の高さ（7～12メートル）とほとんど同じくらいになることも多く、日陰を作って喜ばれる。ブラックマルベリーは、成木から切り取った人の腕ほどのサイズの枝を地面に深く押し込む、「トランシャン」（フランス語のトロンソンより［「輪切りの一片」という意味］）を使う伝統的な技法を用いて増殖させた場合はとくに、最初はとても速く成長する。のこで切ったトランシャンの頂部から若枝が出て、多くの場合、古い幹から2本の幹が伸びた独特の「Y字」の形をした木になる。トランシャンから増殖した木は、種子や穂木《ほぎ》（切り枝）から増殖したものより速く成長し、早く実がなる。穂木は古い台木《だいぎ》に接ぎ木されるが、面白いことに同じ種でなくてもよい。

節くれだった幹と横に広がる密集した枝のせいで、樹齢50年の木でもずっと古い木のように見える。傾いた成木は、支柱で支えなければ、長く重い枝の重みで最後には倒れてしまうことが多い。地面にふれているが折れていない枝は、しばしば根を下ろす。実際、古いイギリスの庭や公園で見られる何本もの老木は今では完全に水平になっていて、枝から新たな幹が何本も形成されている。16世紀のイギリスの植物学者ジョン・ジェラードは、『本草書または植物の話 *Herball; or, Historie of Plantes*』（１５９7年）のなかで、ブラックマルベリーについて羨望に値する簡潔さで説明している。

コモンマルベリーの木は背が高く大枝がたくさんある。主幹は何倍も太く、樹皮はごつごつしていて、根の皮は黄色い。葉は広く先がとがっており、いくぶん堅く、ふちにギザギザがある。花は尾状花序《びじょうかじょ》をなし、毛でおおわれている。実は長く、多数の小さな粒でできていてブラックベリーに似ているがもっと密集していて、赤い果汁で満ちている。根は多くの方向に分かれている。[11]

彼と同時代の、医師で薬剤師で植物学者のウィリアム・ターナーも、同じくらい簡潔に書いている。

桑の木の葉は、先が少しとがっているほかはほとんど円い形をしている。ミントの葉のようにふちにギザギザがある。白い毛でおおわれた花をつけ、実はそれよりいくぶん長い。初めは白く、時がたつにつれて赤くなり、その後、完全に熟すと黒くなる。[12]

果実

桑の実はブラックベリーを長くしたものに似ているが、じつは「多花果《たかか》」で、雌花《めばな》の花序《かじょ》を構成する複数の花が複合して生じる。庭園に関する著書がありイギリス・ガーデン・ヒストリー協会の設立者であるマイルズ・ハドフィールドは、雌花序《しかじょ》を「白い絹のような触手をもつ緑色のフジツボが集まった房で、ひとつひとつがふくらんで私たちの食べる果汁たっぷりの実になる」[13]と目に浮かぶような表現をしている。雌花序は最終的にできる果実の房に形が似ていて、この「触手」で確認できる。じつはこれは、個々の花に一対ずつウサギの耳か昆虫の触角のように立っている細く白い雌しべである。これらの雌しべが、葉腋《ようえき》から垂れ下がっている長さ1～2センチの雄花序《ゆうかじょ》から花粉を受け取る。雄花序は、花粉をつけた雄しべのせいで毛でおおわれたように見える。

ブラックマルベリーには雌雄同体《しゆうどうたい》――同じ木に雄花と雌花の両方をつける（すなわち「雌雄同株《どうしゅ》」）――で自家受粉できるものもあれば、雄花と雌花が別々の木につくもの（「雌雄異株」）もある。雌花序だけをつける木は、そばに雄の木があるときだけ繁殖力のある種子が入った実を生じる。しかし、授粉されなくても、そのまま繁殖力のない種なし果実をつくることもある。落ちた果実によって紫色の汚れが生じるため、ブラックマルベリーはホワイトマルベリーと違って街路樹としてはあ

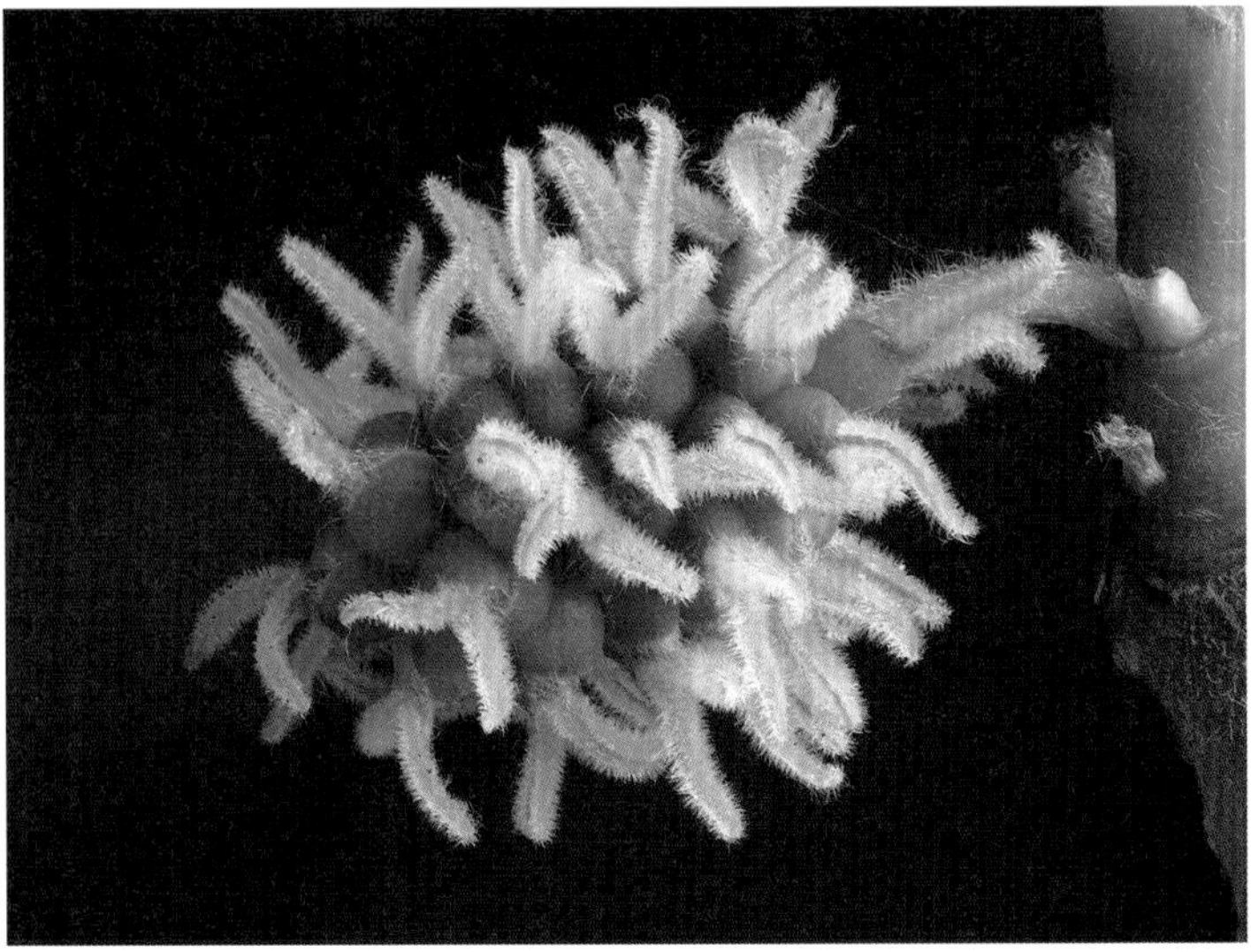

上：ブラックマルベリーの雌花。これが多花果、すなわち小さな果実が集まった私たちが桑の実だと思っているものになる。

下：雄花は垂れた尾状花序で、雌花の花序は形が桑の実に似ている。これは、1924年にW. D. & H. O. ウィルズ社が独自に制作した「花の咲く高木と低木」の50枚組のシガレットカード［紙巻きたばこのパッケージにおまけとして入れられていたカード］の33番。画家は不明。

ブラックマルベリーの果実は最初は緑色で、赤くなり、それから熟すと暗紫色になる。左上の挿入画（5）は雌花を示し、柱頭はふたつに分かれ、花柱は短く、子房は球形をしている。雄花（1と2）には、花粉を生じる4本の雄しべがある。

まり植えられない。植える場合は、都市計画の担当者は実をつけない雄の木を用いる傾向がある。

ブラックマルベリーの房状の実は外見がブラックベリー（クロイチゴ）に似ているため、古代ギリシア・ローマ時代には両方の実に同じ名前が使われていた（ギリシア語およびラテン語でモラまたはモロン）。混乱を避けるため、桑の実はモルム・ケルサエ・アルボリス（背の高い木の桑）、木自体はモルス・ケルサと呼ばれた。現代イタリア語で桑を意味するジェルソは、おそらくこれに由来するのだろう。[14] 原産地（あるいは大昔に持ち込まれたところ）では、ブラックマルベリーは、赤ワインに似たおいしい芳醇な酸味のある、果汁たっぷりの黒紫色の果実で知られている。中央および南アジアと中東では、これらの木と珍重されるその果実は今でも古いペルシア語の名前シャートゥート（トゥートは「桑」、シャーは「王の」、「すぐれた」という意味）、あるいはアラビア語のシャジャラト・トゥッキのような、それから派生した言葉で呼ばれている。現代のペルシア（イラン）では、導入されたホワイトマルベリーも一般的で、たんにトゥートと呼ばれている。

ブラックマルベリーは摘むと短時間で血のように赤いべたべたしたものになることが知られていて、シェイクスピアの「コリオレーナス」では、「熟しきった桑の実のように／もちあつかえないほどやわらかに」［『コリオレーナス』小田島雄志訳／白水社］とヴォラムニアがいう。これを最小限にするため、ローマの叙情詩人ホラティウス（クィントゥス・ホラティウス・フラックス）は紀元前1世紀の後半に次のように書いて、暑い地中海地方の夏では朝のうちに桑の実を摘むよう勧めている。

強い日差しの射す前に
摘んだばかりの黒苺を
朝飯の後で食べておけば
夏を丈夫に過ごすだろう。[15]

〔「黒苺」はブラックマルベリーのこと。「風刺詩」『ホラティウス全集』所収／鈴木一郎訳／玉川大学出版部〕

バッキンガム宮殿で開かれる女王主催の夏のガーデンパーティに訪れた人は、ナショナル・マルベリー・コレクションのブラックマルベリーをこっそり摘んで、文字通り手を赤く染めて現場を押さえられる〔red-handed には「血まみれの手をして」、「現行犯で」という意味がある〕。このコレクションは、17世紀初めにジェームズ1世によって桑の木が植えられたが200年前に廃止されたマルベリー・ガーデンを記念して、現在、そこに植えられている。

ホワイトマルベリーの実とは違って、ブラックマルベリーは乾燥させて保存することができない。原産国でも市場や店で見かけることはめったになく、輸出もできない。ブラックマルベリーを食べたければ、木から摘むか、ジャムやシロップの形で手に入れなければならない。もちろんこの果実を楽しむのは人類だけではない。鳥や動物が先にやってくることも多く、彼らは糞でマルベリーの種子をばらまき、重要な運搬役を果たしている。

同じ木から採取したブラックマルベリーの葉

葉

ブラックマルベリーの葉は普通、ホワイトマルベリーの葉とはかなり異なり、ジェラードが述べているように、「広くて先が鋭くとがり、いくぶん堅く、ふちにギザギザがある」。古い枝では、新《しん》梢《しょう》とは異なり、葉は広く、長さが約10センチあり、ハート形をしており、先がとがってふちに鋸《きょ》歯《し》がある。しかし、葉の形がいつも識別のための信頼できる手がかりになるとはかぎらない。新梢、つまり剪定やポラードにするための刈り込みのあとに新たに伸びた枝の葉は、裂片《れっぺん》に分かれていたり、非対象に切れ込みが入っていたりして、イチジクの葉、フルール・ド・リス（ユリの紋章）、さらには手袋に似ていることもある。同じ木のほかの部分にあるハート形の葉とはまったく違っていることもあり、むしろホワイトマルベリーの葉のように見えることさえある。同じ木に10種類以上も異なる形の葉が見えると当惑するかもしれないが、花を咲かせる木はしばしば何種類もの形の葉をつける。

形だけよりむしろ葉の手ざわりと色のほうが、区別のためのよい手掛かりになる。ブラックマルベリーの葉は厚く、表側は粗く、裏側ははっきりわかるほど毛が多い。これに対しホワイトマルベリーの葉は比較的薄く、明るい緑色で、滑らかで光沢のあるろう質の表面をしている。しかし、両方が見られるところで、冬に、ある桑の木がブラックマルベリーかホワイトマルベリーか判断するのは難しいかもしれない。

起源

ブラックマルベリーは非常に古くから栽培されてきたため、今日では野生状態で生育しているのを見ることはめったにない。そのため、この植物がどこで生まれたのかははっきりしない。植物生態学者のピーター・トマスによれば、おそらくかつて温帯の森林で1本ずつ別々に生えていたのであって、リンゴやクルミのように自然の果樹園で生育していたのではないという。[16] しかし、オックスフォードの植物学者バリー・ジュニパーは、桑——どの種かは述べていない——は初期のリンゴ、アンズ、ナシ、イチジク、サクラとともに天山《てんざん》山脈の果樹林に生えていたのではないかと述べている。[17]

今日、ブラックマルベリーは、西はギリシアから東は現在のタジキスタンがあるフェルガナ盆地まで広がる、かつてササン朝ペルシアに支配されていた地域と東地中海地域のものだとされることが多い。この植物は、イラン北部、カスピ海沿岸、カフカス山脈の南側にあたる黒海沿岸の古代の国コルキスがあった地域に、今でも野生で生育しているかもしれない。コルキスは、アルゴナウタイ（アルゴ船の乗組員たち）を率いるイアソンが、金の羊毛——翼をもつ金色の羊の毛皮——を探して旅したところである。[18]

ブラックマルベリーが東地中海周辺の国々に最初にやってきたのがいつだったのかは不明だが、少なくともローマ時代からこの地域で知られていたのは確かだ。ポンペイの邸宅、とくに「ヴィーナスの家」の南の壁で、1859年の発掘のときに桑の木と葉が描写されたモザイク画が発見された。[19] それは西暦79年にヴェスヴィオ火山が噴火して以来、火山灰の下に埋まったままになっていた。また、ポンペイと同じ運命をたどった古代ローマのヘルクラネウムの町の下水道で、石化したブラックマルベリーの種子が見つかっており、その実を普通の市民が食べていたことの証拠になっている。[20] 著作のなかで何度も桑に言及している大プリニウスは、友人のレクティナとポンポニアヌスを救出しようとして、火山の噴火で降り積もったもののせいで、スタビアエの近くで亡くなった。甥のガイウス・プリニウス・カエキリウス・セクンドゥス（小プリニウス）が、ローマ近郊のラウレントゥムの別荘の庭に桑の木とイチジクの木を植えたと書いている。[21]

種類

ホワイトマルベリーと違って、ブラックマルベリーは *Morus nigra* の1種しかないが、実の形と大きさで区別される品種がいくつかある。とはいっても、実の長さは1センチかそこらから3センチ余りまでの違いしかない。比較的一般的な品種として、ブラック・ビューティ、チェルシー（ジェームズ1世）、エルサレム、ケスター、ノワール・オブ・スペインがある。[22]

大プリニウスは2000年近く前にこの多様性のなさに気づいていて、（ブラック）マルベリーは「人の機知から無視され」てきた――つまり交雑種がひとつも作られておらず栽培品種がほとんどない――と書いている。

この木については、どんな工夫も生かされなかった。命名にしても、接ぎ木にしても、実の大きさ以外の外観にしても、ローマでとれるクロミグワの実は、オスティア（ティベル河口の港町）産、トゥスクルム（ラティウムの都市）産のものと違いはない。[23]［『プリニウス博物誌　植物篇』大槻真一郎訳／八坂書房］

ウィリアム・ビーンはこれに賛同し、「これほど長く栽培された木にしては非常にめずらしい状況」[24]だとつけ加えている。これについては、最近の遺伝子分析により、ある程度解明されている。ブラックマルベリーは細胞中の染色体数の世界記録をもっていて、その数は顕花植物のほかのどの種と比べても（はるかに）多い。桑の大半の種が遺伝的に単純で14対の染色体をもっているのに対し、ブラックマルベリー（*M. nigra*）は驚いたことにこの14種類の染色体を22組（合計308本）もっている。これは「倍数性」と呼ばれ、なぜこの植物の新しい品種を作るのが難しいか説明することができる。ひとつの染色体に突然変異が起こっても、ほかの、ほとんど同一の染色体によって無効にされるからである。

園芸家のマイルズ・ハドフィールドは、ブラックマルベリーは、かつて中国中部の山中で一緒に野生状態で生育していたマグワ（*Morus alba*）とケグワ（*Morus cathayana*）というホワイトマルベリーのふたつの分類群の間でごく初期に生じた雑種なのかもしれないと考えている。ケグワも遺伝的に複雑で、対になった染色体を5か6か8組もっていて、ハドフィールドは「この染色体の構成要素から、交雑により、複雑な22倍性のブラックマルベリーという新しいものができたのかもしれない」[25]と述べている。もっと最近では、ブラックマルベリーはホワイトマルベリーの種の突然変異から進化したのかもしれないという考えを支持する証拠を、ジュニパーが提示している。[26]

ホワイトマルベリー（*Morus alba*）、ハイド・パーク・コーナー、ロンドン。

◉ホワイトマルベリー

ホワイトマルベリーはブラックマルベリーよりほっそりした直立した木で、ジェラードは1597年に『本草書』に、「ホワイトマルベリーの木は成長して大きく立派になり、ほとんど［ブラックマルベリーと］同じくらい大きくなる。葉はもっと円く、それほど先がとがっておらず、ふちがあまり深く切れ込んでいない。果実は前者に似ているが、白く、いくぶんワインに似た味がする」[27]と書いている。ホワイトマルベリーの芽は淡褐色で、枝は普通、まっすぐである。葉の表面はろうを引いたように見える。

起源

ブラックマルベリーと異なり、ホワイトマルベリーは——とくに中国中部と北部の山中と日本で——まだ（まれに）野生で生育しているのが見られ、中国ではサンシェン（桑椹）、日本ではクワ（桑）と呼

ホワイトマルベリー（*M. alba*）、ロンドンにあるイギリス・ナショナル・マルベリー・コレクションのひとつ。

ばれる。そこでは標高が1220メートルより低いオーク［カシ、ナラの類］の林の中に点在し、エンジュ、クルミ、ビャクシンとともに生えている。[28]

ホワイトマルベリーは長江上流地域の広葉樹林に自生していて、タクラマカン砂漠のオアシスに見られ、ここでおそらくクロポプラやシベリアニレと一緒に生育していたのだろう。*M. alba* はこの地域にもともと自生していたのかもしれないが、養蚕《ようさん》についての知識の到来とともに、崑崙《こんろん》山脈から南へ、さらには中国北西部から導入されたのかもしれない。アゼルバイジャンのクラ川、アラス川、サムル川ぞいの森林に野生で生育しているホワイトマルベリーの報告もあるが、これらも導入された木が広がったのかもしれない。

野生状態で（原生林に）生育しているのが見つかったホワイトマルベリーのめずらしい報告のひとつが、アメリカ海軍のマシュー・C・ペリー提督によるもので、1853年のシナ海と日本への遠征中、東京から真南へ1000キロ遠く離れた火山島からなる小笠原諸島の父島に上陸したときのことである。

> 丘の中腹や谷間には密生したヤシの林が群生しているが、樹間があまりにも密接しているので、十分に生長できず、ほかの植物の生育も妨げている。六種のヤシ科植物の中では扇型に割れる葉をもつ種類〈オガサワラビロウ〉が最も多く見られた。さまざまな樹木の中ではかなり大きなブナの一種〈クスノキ科の固有種コブガシのことと思われる〉、山々の上に繁茂しているハナミズキに似た大樹、ときには周囲十三、四フィートもある巨大な桑の木〈オガサワラグワ〉

インドのホワイトマルベリー（*M. alba*）の花、2017年。

が目についた。[29]［『ペリー提督日本遠征記』宮崎壽子監訳／KADOKAWA。引用中の〈…〉は同書の訳者による注］

あとで判明したように、ペリーが発見した桑は、ホワイトマルベリーと類縁関係があるがそれまで知られていなかった種で、和名をオガサワラグワ、リンネ式ラテン名を *Morus boninensis* と命名された。[30] 島のひとつで見つかった切り株の年輪の数からいって、当時すでに樹齢2800年に達していた木があったはずだ。オガサワラグワは、弟島、父島、母島の3島でのみ見られ、管理されない伐採、島々への定住の試み、導入種の桑を使い失敗に終わった絹産業のせいで、現在では日本のレッドデータブックに「絶滅寸前」種として載せられている。[31] 2006年の時点で小笠原諸島に生き残っていたのは170本を下まわった。

ヴィクトル・ヘーンによると、1453年のコンスタンティノープルの陥落以前にヨーロッパでホワイトマルベリーが生育していた形跡はないという。[32] 中世後半に絹生産の技術に続いておそらく中央アジア西部から導入されたホワイトマルベリーは、アジアからヨーロッパ、南北アメリカ、アフリカ各地へと徐々に拡大する絹産業を追うように広まっていった。いくつかある変種のうち、「茎の多い桑」を意味する *Morus alba* var. *multicaulis*（ログワ）が、ほとんどどこでも養蚕用として好まれるようになった。養蚕用には、大きくて切れ込みのない葉をつける背が低くてよく茂った木にするため、葉の大きなログワ（中国では魯桑《ルウサン》と呼ばれる）を、ヤマグワ（*M. bombycis*）の丈夫な幹や根に接ぎ木することが多い。[33] アメリカではマグワ（*M. alba*）が侵入種になっており、在来のレッドマルベリーと簡単に交雑し、種としての存続を危うくしている。[34]

種類

ブラックマルベリーと比較して、ホワイトマルベリーの顕著な特徴は多様性が大きいことで、1599年にセールが「ホワイト〔マルベリー〕については、明らかに3種、あるいは3種類が知られており、白、黒、赤という果実の色だけで区別できる」[35]と述べている。だがこれまで見てきたように果実の色は区別の指標としてよくないし、ホワイトマルベリーのなかでもケグワ（*M. cathayana*）のような特定の種だけが実際に白い実をつける。セールがいっているのがどの3種なのかははっきりしない。白い実はとても甘いが、風味がないといわれる。ブラックマルベリーよりずっと果汁が少なくて形を保ち、乾燥させることもできるし、さらには生で大量に販売することもでき

ホワイトマルベリーには少なくとも17の種が知られており、変種と栽培品種が数百ある。イギリス・ナショナル・マルベリー・コレクションだけでも30以上の分類群がある。

る。ホワイトマルベリーのうちでもログワなどいくつかの種類は黒紫色の実をつけ、ブラックマルベリーの実よりしっかりしているが、それほどはっきりしていないもののよく似た酸味を有する。ブラックマルベリーと同じように、ホワイトマルベリーの葉の形も変化に富んでいる。普通、光沢があり無毛だが、切れ込みがあったりなかったりして、ブラックマルベリーのハート形の葉よりもっと卵形に近い傾向がある。1本の木に20種類もの異なる形の葉が見つかったこともある。[36]

今ではホワイトマルベリーに3種以上あるのがわかっていて、変種、雑種、栽培品種に1100を優に超える名前がついている。このことはイギリスのバッキンガム宮殿の庭園にあるナショナル・マルベリー・コレクションを見てもわかり、ここには2014年の時点で35種類の桑があり、9つの種と亜種に分

逆光を浴びたホワイトマルベリー（*Morus alba*）の葉、葉脈が見える、テキサス州北部、2010年。

けられ、24の栽培品種があって、そのほとんどすべてがホワイトマルベリーである。[37]
コレクションから14本の木が選ばれてイラストが描かれ、『女王のマルベリー』という限定版の本に説明とともに掲載され、2002年にエリザベス2世の即位50周年記念として女王に贈呈されたが、そのうち12本はホワイトマルベリーの変種か栽培品種で、残りの2本がブラックマルベリーとペーパーマルベリーである。[38] コレクションにあるホワイトマルベリーには「シュガー・ドロップ」というおいしそうな名前がつけられたもの――レッドマルベリーとホワイトマルベリーのめずらしい雑種――や、「ニュークリア・ブラスト」(「核爆発」という意味)というちょっと物騒な名前がつけられたものがある。これは花も果実もつけない矮性《わいせい》の雑種で、葉がよじれていて、桑に関して最高に経験を積んだアマチュアでもクワ属(*Morus*)の植物だと判断するのは難しいかもしれない。
ホワイトマルベリーは、あるひとつの特徴で、ブラックマルベリーからだけでなくほかのあらゆる植物から区別できる。プリニウスが書いている突然の出葉《しゅつよう》と同じようなことが、ホワイトマルベリーの雄花(尾状花序)が花粉を放つときに起こるのである。簡単にいうと、雄花序の花粉を作りまき散らす部分――雄しべと花粉が入った葯《やく》――が、古代ローマのカタパルトのように緊張して反り返っている。春が近づいて空気が乾燥すると、曲がった雄しべを引っ張っていた繊維が裂けて、25マイクロ秒(1マイクロ秒は100万分の1秒)より短い時間で雄しべがまっすぐになり、音速の半分のスピード、つまり時速約580キロで花粉が大気中に放出される。
これにより、ホワイトマルベリーは生物学においてこれまで観察されたもっとも速い動きの記録保持者になり、そのスピードは植物における運動の物理学的限界に近い。[39] この現象には「爆発的葯裂開《れっかい》」という風変わりな名前がついていて、突然、桑の木の周囲に花粉の雲が充満するのが見え、風で運ばれるので、アメリカのいくつもの州でアレルギーをもつ人たちの悩みの種になっている。[40]

次章で再びホワイトマルベリーについてもっとくわしく見ていき、桑と絹の関係の起源と初期の進展に注目する。

●レッドマルベリー

北アメリカには在来種のレッドマルベリー（*Morus rubra*）があり、オンタリオ州（カナダ）北部から、南はフロリダ州南部、西はサウスダコタ州南東部やテキサス州中部まで見られる。アラバマ、チェロキー、コマンチ、クリーク、イロコイ、メスクワキ、マスコギ、ナチェズ、ラッパハノック、セミノール、ティムクアなどのアメリカ先住民は、古くから食料や医薬の目的で使ってきた。ナチェズ族の場合、8月はレッドマルベリーの月で、彼らの太陰暦では6番目の月にあたり、モモの月と大のトウモロコシの月の間にある。

レッドマルベリーは、森林におおわれた氾濫原や谷の湿った深い土壌を好み、日陰の林地、川ぞい、渓谷に生える。18世紀の探検家ウィリアム・バートラムは、フロリダ、サウスカロライナ、ジョージアの落葉樹林でレッドマルベリーを頻繁に見かけた。モクレン、ニレ、オーク、カエデ、そのほかの高木とともに生育していたという。彼はジョージア州の放棄されたクリーク族の村で、かつて栽培されていたレッドマルベリーの林も何度か見かけ、「それらはいつも川の土手、湿地、周囲の林より高くなった人工的な盛り土や段の上にある」、そして「健康によく栄養満点の食料で

RED MULBERRY

レッドマルベリー（*Morus rubra*）は北アメリカの固有種で、かなりの高さになる。ジュリア・エレン・ロジャーズの『高木』（1926年）の図版。

ある果実を目的に、昔の人が栽培していた」[41]と述べている。

クワ属のうちでもっとも背の高い（ただし、日本のオガサワラグワ *M. boninensis* と同じくらいかもしれない）レッドマルベリーは高さ18メートル以上になり、樹冠の幅は12メートルを超える。「壺型」と表現されることもある幅の広い丸みを帯びた樹冠のおかげで、日陰樹としても役に立つ。かつてはカナダで普通に見られたが、現在ではオンタリオ州南部のカロリニアン・フォレスト［カナダからアメリカの東部に広がる落葉樹林帯］の生態系の稀少な構成要素になっている。この地域では18ヶ所――ほとんどがナイアガラ半島のボールルズ・フォールズのような保全地域――に約230本しか残っておらず、そのうち成木と考えられるのは約105本しかない。[42]レッドマルベリーは都市開発を進めるために切り倒されてきたが、導入されたホワイトマルベリーとの交雑の犠牲にもなり、カナダでもっとも絶滅の危機に瀕している樹種になっている。やはりホワイトマルベリーが侵入しているアメリカでも、レッドマルベリーは同じような運命をたどっている。ブルックリン植物園の研究者たちが行ったニューヨーク都市圏の植物相の調査では、レッドマルベリーは1901～50年の20個体から1951～2000年には8個体にまで減少していたが、その一方でホワイトマルベリー（*M. alba*）は同じ期間に20個体から81個体に増えていた。[43]

多くの点でレッドマルベリーはホワイトマルベリーに似ており、同じような形の葉をつけ、はっきりと先がとがった卵形の葉のこともあれば、切れ込みが入ったむしろイチジクの葉に似た葉のこともある。しかし、ホワイトマルベリーの葉が淡緑色できめ細かく、表側に光沢があるのに対し、レッドマルベリーの葉はもっと暗い緑色で、きめが粗く、裏側に毛がり（手でさわるとわかる）、

ピエール＝ジョゼフ・ルドゥーテ、《*Morus rubra*》（レッドマルベリー）、アンリ＝ルイ・デュアメル・デュ・モンソーの『高木と低木の概論』（1809年）より。

レッドマルベリーの葉は秋には鮮やかな黄色に変わり、切れ込みが入って裂片に分かれた葉もある。キューガーデン、ロンドン、2018年。

それほどつやがない。19世紀のスコットランドの植物学者ジョン・クラウディス・ラウドンによると、レッドマルベリーの葉は「蚕に食べさせるには、あらゆる種類の桑の葉のなかで最悪だ[44]」という。

レッドマルベリーは通常、雄花と雌花が同じ木につく（雌雄同株である）が、別々の木につくこともある。雄花は長さ2・5～4センチの垂れ下がった尾状花序で、これに対し雌花序の長さは約2・5センチである。ホワイトマルベリーと同じように、風によって他家受粉する。雌花序は発達してホワイトあるいはブラックマルベリーとよく似た多花果《たかか》になる。成熟するにつれて色が淡緑色から赤色に変わり、最後には黒に近い色になる。果汁はホワイトマルベリーともブラックマルベリーとも似て、たっぷりで甘い。しかし、ホワイトおよびブラックマルベリーとは違って、レッドマルベリーはよそへ広まったことはなく、自生地から離れたところでは栄えていない。1629年頃にイングランドにやってきたようだが、ヨーロッパに広く植えられたことはない。20世紀初頭にキュー王立植物園で樹木園のトップ、そして最後はキュレーターとして職業人生を過ごしたウィリアム・ジャクソン・ビーンは、レッドマルベリーについて、「キューではそれはいつもひどいようすをしていて、ほかのところに良好な状態の木があるのかどうかを私は知らない」[45]と書いている。

●ペーパーマルベリー

最後にペーパーマルベリー（*Broussonetia papyrifera* カジノキ、*Morus papyrifera* とも）についてだが、その樹皮は、中国では西暦100年頃から、日本では600年頃から、紙を作るのに使われてきた。ラウドンは、それは「落葉性の背の低い高木あるいは大型の低木で、中国と日本、および南洋諸島に自生している」[46]と書いている。実際には、この植物は、台湾と中国南部からオーストロネシア人が移住したときにポリネシア諸島へもたらされたのかもしれない。ビーンは、ダルマチア地方（クロアチア南部）のいくつかの町、とくにスプリトで見かけ、そこでは「こぎれいな丸みを帯びた形の」街路樹として植えられていたと述べている。[47]この木は材がもろいため強風が吹くと折れやすく、アレルギーを引き起こすことがある。

クワ科の属であることには変わりないが、ペーパーマルベリーは今では分類しなおされてコウゾ属（*Broussonetia*）とされていて、もうクワ属（*Morus*）ではないため、厳密には桑ではない。しかしラウドンが説明しているように、「桑に非常によく似ていて、長いことその「クワ」属に属してい

ペーパーマルベリー（*Broussonetia papyrifera*）はもうクワ属に分類されていない。キューガーデン、ロンドン、2018年。

雌のペーパーマルベリーの花、フライブルク植物園、フライブルク・イム・ブライスガウ、ドイツ、2011年。

ると考えられていたし、今でもペーパーマルベリーという英名で呼ばれている」。

確かに、桑、とくにホワイトマルベリーに表面的に似ているだけではなく、光沢のある葉は、シンプルなもの、ハート型のもの、ふちに鋸歯《きょし》があり先がとがっているもの、あるいは切れ込みが入って裂片に分かれているものがある。しかし、蚕に餌として与えるにはきめが粗すぎると考えられている。ラウドンはさらに、果実について「細長く、熟すと黒っぽい緋色で、甘味があるがどちらかというとまずい」[48]と述べている。真の桑と同じように多花果である。

ビーンは、ふちが反り返ったボートのような形の葉をした「ククラータ」と、ほっそりした葉が絡み合う矮性の「ラキニアータ」というふたつの栽培品種について説明して、「ここで述べているふたつの品種はどちらもめず

雄のペーパーマルベリーの花、フロントン、フランス、2014年。

らしい変わり者にすぎないが、このグループ自体、美しい低木になり、黄色っぽい垂れ下がった尾状花序が大量につくと、雄の木はひときわ目を引く[49]」と書いている。

ペーパーマルベリーは（たとえば農業や開発で）土壌が攪乱されたところに簡単に定着し、さまざまな環境に適応できる。通例、木は雄か雌のどちらかで、授粉できるほど両者が近くにあれば、その実を餌にする鳥や動物によって繁殖力のある種子がばらまかれる。この植物は広がった根によって無性的に増殖することもできる。新しい土地に非常によく定着するため、ペーパーマルベリーは最近ではパキスタンでもっとも侵略的な種になった。１９６０年代に

ペーパーマルベリーの実、台湾、2004年。

イスラマバードの市街が新たに建設されたとき、街路樹として広く植えられたが、花粉が非常によくアレルギーを引き起こすことがわかり、現在、切り倒してもっと無害な樹種に植え替えられている。[50]

ここまでおもなマルベリーをひとつずつ、その自生地でのようすを中心に見てきたが、次章では、桑と絹の密接な関係の起源と、この木がしだいに世界に広まり始めた頃のことを探っていく。

第2章　桑と絹

ホワイトマルベリー（*Morus alba*）とカイコガ（*Bombyx mori*）は、最初に出会ったとき以来、切っても切れない関係にある。生物学的な観点からいえば、それは一方的な取り引きのように見える――カイコガの幼虫（「シルクワーム」すなわち蚕）は桑の木の葉（唯一の食料源）を食べ、何も返さない。しかしあとから思えば、それはクワ属の植物にとってそう悪くない結果になった。世界の絹産業に欠かせない桑の木は、今では、その種子が自然に到達することは決してなかったはずの場所で生育している。

約4700年前に中国人は、最初は試行錯誤しながら、桑の木を体系的に栽培して蚕に食べさせ飼育したのち、繭を収穫して生糸を繰り取って布に織れるようにする、養蚕と呼ばれる農作業体系を生み出した。養蚕が徐々に発展し広まったことが、桑が世界に広まるおもな――ただし唯一ではない――原動力になった。

本章では、中国とインド北部の古代文明がどのようにして絹という自然の奇跡を利用するように

桑の葉の上にいるカイコガ（*Bombyx mori*）、クパチーノ、カリフォルニア州、2014年。

なったかを見ていく。その後の4500年の間に、絹は世界がこれまでに知ったもっとも成功した商品になり、その一方で養蚕のための桑の木の栽培により、中国や中央アジアからヨーロッパやアメリカまで風景が一変した。

◉養蚕の始祖

時は紀元前2640年、黄帝《こうてい》の治世。中国の黄河流域の森林におおわれた斜面で、野生種のクワコ（*Bombyx mandarina*）という蛾の幼虫が、遠い昔からしていたように、ホワイトマルベリーの葉を食べ、毎年夏になると生糸を吐いて繭《まゆ》を作っていた。地球の反対側では、イングランド南部でストーンヘンジの巨石が立てられ、エジプトのギザの大ピラミッドはまだ建造されておらず、北極海のウランゲリ島ではまだ最後のケナガマンモスが歩いていた。

この頃、古代中国の人々は、黄河が北へ屈曲している部分（オルドス地方）の周囲に定住して、豊富

ベルンハルト・ローデ、《養蚕をたたえて最初の桑の葉を摘む中国の皇后》、1771年、キャンバスに油彩。

な水と肥沃な土壌を利用して農業をしていた。幸運な偶然により、彼らはクワコの錬金術の秘密を知り、それを利用して最初の絹織物を織った。その後の数世紀、養蚕は中国の人々にとって非常に重要なものになり、彼らはその発見を説明する神話を作った。養蚕の始祖の神話である。[1]

この神話のあるバージョンでは、若い皇女が桑の木の下でお茶をすすっていたら、蚕の繭が熱い飲み物の中に落ちてきて、糸がほぐれたとされている。しかし、この頃、本当は「皇女」はいなかったし、薬として始まったお茶は、当時、中国のこの地域では飲まれていなかった。絹の歴史家であるウィリアム・レゲットが少し違うバージョンの神話を紹介しており、ここではそれを要約し、少し面白くして紹介しよう。[2]

黄帝の妃である美しい14歳の嫘祖《れいそ》（西陵氏とも）が、皇帝の屋敷の周囲にあるホワイトマルベリーの木の間を歩いていたとき、小さなイモムシがその葉を貪るように食べているのに気づいた。生まれつき好奇心の強い彼女は、立ち止まってそれを観察した。この生き物が亡き先祖の霊を宿しているのではないかと恐れてそのままにしておいたが、毎日戻ってきて、イモムシが手当たりしだいに無数の桑の葉を食べて大きくなっていくのを見守った。2～3週間すると、その生き物――今では長さがおよそ7センチになっていた――は口から出した糸を使って網のようなものを作り始めた。それから同じ糸を使って、淡黄色の繭の中に身を隠した。嫘祖はその生き物が死んでしまったと思い込み、まだそれは先祖かもしれないと思っていたので、念のため繭を屋敷に持ち帰った。5日後、奇跡が起こった。繭から翅《はね》のある白い生き物が出てきたのだ。先祖の霊が解放された！　驚いた嫘祖は、体を洗うのに使うつもりだった湯の入った鉢の中に、今では空になった繭をうっかり落としてしまった。湯の中で、繭を固めていた糊状のものが溶け始め、長い糸がほぐれてほどけるようになった。糸を引っ張ってみたが、いくらほどいても終わりがない。召使のひとりと一緒に糸をたぐれるだけたぐってみると、およそ900メートルあった。

　嫘祖が属していた仰韶《ぎょうしょう》文化の人々はすでに織物を織る技術に長けていたので、彼女はすぐにこの輝く繊維の可能性を理解することができた。召使たちにできるだけたくさん繭を集めるようにいいつけ、集まった繭を煮て、糸を繰り取った。ただし、このときは蛾が逃げ出すまで待たなかった。そして十分な量の糸が手に入ると、それを使って絹の布を1枚織った。

生糸と蚕繭（さんけん）

それが終わると、嫘祖は輝く布を誇らしげに皇帝に見せた。最初の絹織物である。皇帝は自分がとても特別なものを手にしていることにすぐに気づき、桑の木を保護し、毎年、繭を収穫して糸を繰り取るよう命じた。世界の文化と経済の大変革が始まろうとしていた。のちに中国人は、嫘祖（養蚕の始祖）と黄帝がもたらしてくれた繁栄に感謝して彼女を称える祭りを催し、その後、この祭りは毎年、新たな蚕の生育期が始まる陰暦の4番目の月である「蚕《さん》月《げつ》」に祝われるようになった。とくに1～10世紀頃に人々は、蚕の女神と呼ばれるようになった嫘祖の像や聖堂を建てた。[3]

4500年以上たった現在、推定62万6000ヘクタールの中国の土地が桑の木の栽培にあてられていて、今でも世界でもっとも重要な絹産業を支えている。1998年には、中国で43万2820トンの生繭《なままゆ》［まだ殺蛹《さつよう》や乾燥をしていない繭］が生産された。[4] 19世紀後半に合成繊維が開発されたにもかか

北京で売られている絹、中国、現代。

わらず、今でも生糸用の繭の世界の貿易量は年間約38億ドルに相当する。[5]

嫘祖は伝説の人物だが、絹の発見時期が新石器時代後半であることを裏づける証拠がある。浙江省湖州にある銭山漾《せんざんよう》遺跡（上海から真西におよそ１００キロのところ）で発見された絹のリボン、糸、織物の断片は、紀元前２７００年頃のものである。さらに、１９２７年に中国北部の山西省の黄河流域にある仰韶《ぎょうしょう》文化の遺跡で、鋭い道具で半分に切られた蚕の繭が発見された。それは紀元前２６００～２３００年頃のものと考えられ、少なくとも原始的な絹産業があった証拠だと解釈されている。[6] それが本当なら、養蚕は知られている最古の形の「工業型」農業ということになる。[7] しかしその後の調査で、この繭はカイコガ属（*Bombyx*）の蛾のものではなく、おそらくウスバクワコ（*Rondotia menciana* Moore）のような別の野生種のものだということがわかり、このことから新石器時代と殷《いん》王朝の時代には野生の蚕（野蚕《やさん》）と家畜化された蚕（家蚕《かさん》）の両方が使われていた可能性がある。[8]

ただしそのほかの考古学的発見から考えると、絹を作る技術はさらに早い時期に発見されていた可能性もある。６０００～７０００年前のもの（つまり紀元前４０００年頃のもの）と思われる、彫刻がほどこされた小さな象牙の杯が浙江省の新石器時代の遺跡で発掘され、そのデザインが蚕を表しているように見えるのである。[9] あとで見ていくように、インダス川流域（現在のパキスタン）のハラッパーの人々が、紀元前第3千年紀という早い時期から、野生種の蛾を使って、桑を用いない種類の絹を生産していたかもしれないことを示す証拠もあり、このような早い時期に中国が絹を作る技術を独占していたという考え方に疑問を投げかけている。[10]

●生物による錬金術

古代中国人（そしてハラッパー人）は、伝説の賢者の石に相当する生物を発見していた。賢者の石は卑《ひ》金属［大量に産出する安い金属］を金《きん》に変える力をもつが、彼らが発見したのは、ただで無尽蔵に供給されるたんなる植物（桑の葉）を高価な商品（絹）に変える方法だった。そして、絹の交易が最高にもうかっていた頃、本当に絹には同じ重さの金に相当する価値があった。

蚕の生物的錬金術は、それが桑の葉をムシャムシャ食べるより前からすでに始まっている。まずこの植物中の化学物質が、蚕を葉に引き寄せ、それから食いつきの反射行動を起こさせ、最後に飲み込ませる。しかしここで、この筋書きには面白いひねりがある。あらゆる種類の桑の茎と葉は、大半の草食性昆虫――野蚕と家蚕の両方の幼虫を除く――に死をもたらす乳液を含んでいるのだ。[11]

この汁液《じゅうえき》には活性物質（アルカロイド）が含まれていて、幼虫が飲み込むと桑の葉の糖を分解して利用することができなくなり、飢えて死ぬことになる。[12] しかし蚕はこれを回避する仕組みを発達させていて、ほかのイモムシが食べるとしなびて死んでしまう桑の葉で盛んに生育する。面白いことに、まさにこの防御機構のせいで、桑の乳液中の活性物質が2型糖尿病患者の血糖値を下げるのに有効なのである。

交尾後、雌の蚕蛾は非常に小さな白い受精卵（「蚕種《さんしゅ》」と呼ばれる）を300〜500個、桑の葉、小枝、いらなくなった蚕自身の繭に産みつける。卵はそれぞれ長さ約1ミリである。野生の場合は卵は晩夏から初秋にかけて産みつけられ、休眠したまま冬を越すが、現代の養蚕では、翌年に必要になるまで冷蔵される。翌春に卵が孵化すると、蚕は最初は毛が密生し体長約3ミリで「蟻蚕《ぎさん》」と呼ばれる。このちっぽけな幼虫は最初は軟らかい桑の葉しか食べられないので、孵化を桑の芽が展開する時期と正確に合わせなければならない。

養蚕において、孵化のタイミングを新鮮な桑の葉が供給される時期と合わせるのは細心の注意を要する仕事であり、生産者にとって気楽にできることではない。孵化が早すぎると、餌にする葉がないため「蟻蚕」は飢えてしまう。遅すぎると、孵化したての幼虫は、成長しきって硬くなった葉をかじって消化することができないだろう。注意深く準備することが肝要である。

少なくとも13世紀という早い時期に、桑栽培と養蚕の最良のやり方に関する知恵が、さまざまな中国の文献に書き留められるようになった。[13] この問題に関する16〜17世紀の中国の文献がいくつかフランス語とイタリア語に翻訳され、のちに17世紀の英語の手引書のもとになった。[14] しかし、蚕の

ファン・デル・ストラート（ヨハンネス・ストラダヌス）、「桑摘みと給桑」、1595年頃、古いレイド紙への版画、絹生産の歴史と技術を図解した6枚組みの版画『絹の虫』の5枚目。

飼育という失敗しやすい仕事のさまざまな問題を解決するための民間の知恵も蓄積された。『田舎の家 *La Maison Rustique*』という16世紀のフランス語の手引書の英訳（英語風に変えられた著者名になっている）『田舎の農家 *The Countrey Farme*』には、「几帳面な主婦は、春が近づいて桑の木が芽吹き始めたのを見たらすぐに、それまで冬中保存していた蚕の卵を抱いて温める」[15]と書かれている。

古くからヨーロッパの田舎の養蚕地域では、タイミングを合わせるため、春が近づくと女性が卵の袋をふところに入れて持ち歩いた。一種のローテク孵化器である。『田舎の農家』は次のように勧めている。

> 卵をかえす方法は、温水ではなく水をかけて白ワインに浸したあと、少し温

まるまで火のそばに置く。それから羽毛を詰めたふたつの枕の間に置いて同様にいくらか温めるか、女性の胸の谷間に入れる（ただしそのときの条件は書かれていない）[16]。

孵化してから45日かそこらの間、蚕は貪欲に食べ、最初の1万倍という驚くべき大きさに――体長がおよそ7・5センチにまで――成長する。この間に4回脱皮し、孵化幼虫（1齢幼虫と呼ばれる）から脱皮するたび「齢」が増える。春から初夏にかけて、蚕が成長するにつれて桑の葉も大きくなり、種によっては長さ20センチ、幅10センチに達するものもある。

17世紀にフランスの専門家ジャン＝バティスト・ルテリエによって書かれ、ウィリアム・ストーレンジにより英語版が出版された本には、「蚕にはいつもその齢に応じた葉を食べさせなければならない。若い幼虫には若くて軟らかい葉を与え、齢の進んだ幼虫ほど大きくて硬い葉を与える」[17]と書かれている。これができないときは、葉を最初は細かく、その後、蚕が育つにつれてしだいに粗くきざむ。

かなり最近でも、伝統的な田舎の養蚕農家は蚕を王族のように甘やかす。いやな臭いがしたり雷のような大きな音が聞こえると蚕は食欲をなくすかもしれないと思っている。もしそうなったら繭の豊作は望めず、その年の農家の収入が失われることになる。『田舎の農家』はこれに少し工夫を加えて、小さな蚕に、16世紀のフランスの農家なら元気になるような家庭の匂いをかがせるよう勧めている。

この小さな動物を手でさわるのは最小限にすること。とくに皮を脱ぎ捨てたり姿を変えたりするようなときは、とても軟らかくて繊細なので、多くさわるほど害になる。そして、それにもかかわらず、非常に清潔できちんとしておかなければならず、3日ごとに小さな糞をすべて体から取り除かなくてはいけない。飼育場所も同様に乳香、ニンニク、タマネギ、豚脂《とんし》、あるいはあぶったソーセージの香りで満たさなければならない。この小さな生き物が喜ぶものを与えてやれば、弱って病気になっていても、こうした香りで元気になり回復する。[18]

5齢になると、蚕はどういうわけかそろそろ次の段階に進んで蛾になるときだとわかり、実際、そうなる。それから48時間かけて、蚕は口器《こうき》にある特別な腺《せん》を使って生糸を出し、まずはゆるい網を紡いで（桑の）小枝に体を固定し、それから1キロ近い長さの糸を出して、複雑に糸が絡み合った繭を作る。1本1本の絹繊維はタンパク質（フィブロイン）でできており、すでにふれたように、セリシンという粘着性のある物質でおおわれている。この粘性物質のおかげで繊維同士がくっついて、非常に丈夫でしなやかな糸になる。

繭の中では変態のプロセスが始まる。蚕はまず蛹《さなぎ》になり、それから3週間後に成虫になって出てくる。中国の養蚕では、繭は約8日後のまだ蛹が成虫になっていないときに収穫される。

何世紀にもわたる選抜育種が、かつては自由に這いまわっていた野生のクワコ（*Bombyx mandarina*）に劇的な影響をおよぼした。それは今では、目が見えず、飛べず、ほとんど無色の、人間の介入がなければもはや生きていくことのできないカイコガ（*Bombyx mori*）に変異してしまった。[19] 家畜化されたカイコガの成虫は翅《はね》をもっているが、飛ぶことができない。口器をもっているが、成虫としての短い一生の間（約1週間）に食べることをしない。幼虫も、かろうじて歩けるくらいだ。

カイコガにとってとりわけ悲劇的なのは、家畜化がこの蛾の環境中の臭気に対する感受性にも影響を与え、産卵する桑の葉を見つけるのにも苦労するようになったことだ。[20]だが幸いなことに、やはり嗅覚に支配される交尾の能力には影響を与えなかった。雄のカイコガはまだ、野生の先祖と同じように、雌の性フェロモンであるボンビコールのわずかな数の分子を何キロも離れたところからでも検知できる[21]（ただしこの能力は彼らにとってあまり役に立たない。飛べないのだから。雄と雌は人間のブリーダーに一緒にしてもらうしかない）。ボンビコールは1959年に初めて化学構造が明らかにされたフェロモンであり、今でも交尾行動を起こさせることができ、だからすべてが失われたわけではない。

最近の遺伝子分析により、桑と蚕の結びつきは、これまで想像されていたよりさらに強いことがわかった。桑の遺伝物質の断片がどうやら蚕自体に組み込まれているようなのだ。[22]桑のいわゆるマイクロRNA分子（miRNA）が、蚕の絹糸腺《けんしせん》の組織細胞に認められたのである。[23]桑の木ではこれらの分子は葉の老化の情報を伝達するが、蚕ではおそらく、繭を紡ぎ始めるときだということを幼虫に知らせるのだろう。そのほかの桑のマイクロRNAも蚕に認められ、それはおそらく幼虫の成長段階とそれが食べる葉の成長段階のタイミングを合わせる働きをするのを助け、蚕の生存にとって非常に重要な働きをしているようだ。

◉中国の絹の秘密

最初の2500年間の養蚕の発展と拡大についで確かなことはほとんどわかっておらず、証拠の大部分は考古学の研究によってもたらされたもので、それはもちろん解釈によって変わる。しかし殷《いん》王朝の時代（紀元前17世紀〜前11世紀）には、養蚕はオルドス・ループと呼ばれる黄河周辺の地域ですでに確立されていたようだ。殷の人々はごく初期の文字——占いに使われたいわゆる「甲《こう》骨《こつ》」や「竜骨《りゅうこつ》」にきざまれた文字——をいくつか作ったとされている。使われたのはたいてい牛の肩甲骨か亀の甲羅の腹甲《ふくこう》（下側の平らな面）で、その上にたとえば蚕繭《さんけん》の収穫量についての質問をきざむ。それから骨に穴をあけ、熱した金属棒をそれに押し込んで、骨にひび割れを生じさせる。占い師は、この割れ目の線を解釈して質問に答えるのである。

河北省高陽県で発見された殷王朝時代の甲骨に、養蚕の技術が書かれていると考えられている。[24]骨にきざまれた文字が、桑の木と蚕のほか、生糸を撚《よ》る方法と繰り取る方法を表しているようなのだ。[25]古代中国における養蚕のさらなる証拠が、紀元前第2千年紀の亀の腹甲に見られ、それはホワイトマルベリー（*M. alba*）の5つの裂片がある葉をもつ手を表していると解釈されている。4つの点は蚕の卵を表し、おそらく野生のクワコ（*Bombyx mandarina*）の卵だろう。[26]

新石器時代の中国で養蚕が最初に始まったのはほとんど間違いないが、インダス川流域（パキスタンとインド北部）の遺跡から発掘され、この地域のハラッパー文化と関係があるとされるバングルとワイヤーネックレスでも、紀元前第3千年紀の絹繊維が発見されている。[27]この絹糸は、南アジ

武丁の治世（殷王朝後半）の甲骨、紀元前1200年頃。骨に養蚕に関することが書かれている。

ア原産の野生種の蛾（*Antheraea assamensis* と *A. mylitta*）のもので、家蚕すなわちカイコガ（*Bombyx mori*）でも、おそらくその祖先で中国の養蚕で使われたクワコ（*B. mandarina*）でもない。ヤママユ属（*Antheraea*）の種は、オーク、カバノキ、ブナ、カエデ、クルミ、いくつかの果樹のような森林の高木の葉を餌にする。カイコガと異なり、ヤママユ属の蛾は今でも野生の状態で生きることができる。

このワイルドシルクあるいは「タッサー」シルクと呼ばれる絹は、カイコガ属（*Bombyx*）の蛾が作る絹とはいくつか重要な点で異なっている。中国の絹がこれほど高価なのは、まず繭を煮て繊維をおおっている粘着性のあるセリシンを取り除くからである。それによって、切れていない長い繊維を繰り取り、撚り合わせてさらに丈夫な糸にすることが可能になった。それを織ると、珍重される独特の光沢のある非常にきめの細かい絹布《けんぷ》ができる。

これに対しタッサーシルクは、もともとは食い破ったり自然にできた孔から蛾がすでに逃げ出した繭を使って作られた。タッサーシルクは、おおっているセリシンを煮て取り除く作業をしていない切れた糸を使い、（繰り取るのではなく）紡ぐ必要があった。こうしてできる粗い繊維は、煮て繰り取った絹の光沢が出ることはない。ただし、独特の風合いと自然な蜂蜜色を有しており、それ自体求められるものになった（今も人気がある）[28]。

糸《いと》繰《く》りをする中国の絹の場合、付随して起こる重要な結果が、煮る過程で繭の中にいる蛾が殺されることだ――これは糸を繰り取ったあと油で揚げて珍味として食べられた（今でも食べられている）。ヒンドゥー教の聖典は殺生を禁じているため、糸が切れていない無傷の繭を使うことができない。このため、中央アジアや南アジアの仏教文化はのちに家蚕と桑の葉を使う中国の技術を知ってからも、蛾が逃げ出せるように、中国のきめの細かい絹ではなく、ハラッパーの方法を独自の形に発展させた。

だから、中国の絹の本当の秘密は、絹が蛾の幼虫によって作られるということではなく——それも東地中海地域やカスピ海沿岸の文明には6世紀になるまで知られていなかったが——、桑の葉と、カイコガ（*Bombyx mori*）と、生きた蛾の入った無傷の繭を煮て糸を繰り取るやり方がセットになった養蚕技術だったのである。[29]

◉桑栽培

中国では紀元前2000〜1100年にはすでに、絹を生産するために在来のホワイトマルベリー（*Morus alba*）を栽培していた。周の時代（紀元前1046頃〜前256年）の民謡にしばしば絹の機織りと織物が歌われており、[30]早くも紀元前594年に桑栽培——蚕繭《さんけん》生産の一環としての桑の木の体系化された栽培——が十分に確立されていて、皇帝は相続された桑畑に課税し、農民は麻、穀物、絹で税を納めた。[31]

こうした畑の桑の木はおそらくまだ萌芽更新《ほうがこうしん》（地面近くまで切り詰めて芽を出させる剪定法）はされておらず、成長するままにされ、在来の*M. alba*（もしかしたら野生種）だったのだろう。戦国時代（紀元前5世紀〜前221年）の青銅の壺に、桑の木に登って「桑切鎌」を使って葉を摘んでいる女性がはっきりとわかるものがある。[32]こうした壺のひとつに、葉を入れるために木の枝から

絵模様のある青銅の大きな酒壺、東周（戦国時代）、紀元前5〜4世紀、桑の葉を摘む女性が描かれている（下の部分）。1000年後もまだ使われていたものに似た鎌とかごを使っている。

桑の葉の収穫、14世紀の木版画、中国。

ぶら下げたかごが描かれている。鎌もかごも、14世紀の中国の絵に描かれた道具に非常によく似ており、どうやらその頃になってもまだ使われていたようだ。

中国は養蚕の技術を秘密にしていて、その方法を漏らしたり、蚕やその卵、桑の苗木や種子を国外に持ち出した者は厳しく罰せられたとよくいわれる[33]。しかし、シルクロード学者のスーザン・ウィットフィールドは、「初期の法律は断片的にしか残っておらず、国外への持ち出しが禁止された品物に関する残存する部分には絹への言及はない[34]」と述べている。しかし、大きくなる国民的一体感が養蚕技術に対する誇りと相まって、中国の農民は良質の絹の生産を掌握し続けることに熱心だったかもしれない。それに、最終的に絹とその生産技術を独占していた皇帝とその一族への忠誠心が加わった[35]。もちろん、西は危険な山脈、北は広大な砂漠によって守られ、中国が地理的に隔離されているという事実もあった。故意に出さなかったのかどうかは別にして、いずれにしても中国の養蚕技術は織物自体よりずっとゆっくりと伝わった。組織的な交易よりずっと前に、絹はおそらく、とくに敵対することもある、おもに遊牧をする北方の草原の隣人との平和を維持するための外交的方策として、物々交換や贈り物に使われたのだろう[36]。略奪された絹もあったことは間違いない。紀元前5～前4世紀の中国の絹が、贈り物として渡された可能性のある北の国境周辺よりはるか遠く離れた、シベリアのパジリクで発見されているのだ[37]。

また、遊牧民族との敵対は、紀元前2世紀に北部の中国人が大勢、朝鮮半島へ移住したことの理由のひとつだったのかもしれない。移住者のなかには養蚕に長けた者がいて、カイコガ（*Bombyx mori*）の卵と、蚕を飼育し繭を収穫したのち煮て生糸を繰り取って織る技術ももっていった。この地域には *Morus alba* や *M. notabilis* といったホワイトマルベリーの種が自生しているため、養蚕を定着させるのは比較的容易だった。3世紀には養蚕は隣の日本へ伝わり、そこにもホワイトマルベリーの在来種があった。

◉養蚕の西方への伝播

中国の養蚕技術の知識は西へ広まって中央アジアに伝わり、それからかなりのちに、絹の取り引きが西方へ拡大した結果、6世紀にようやくコンスタンティノープルに達した。広く信じられてはいるが単純化しすぎている説明では、中国の絹に関する知識は、前漢の武帝《ぶてい》の時代（紀元前140

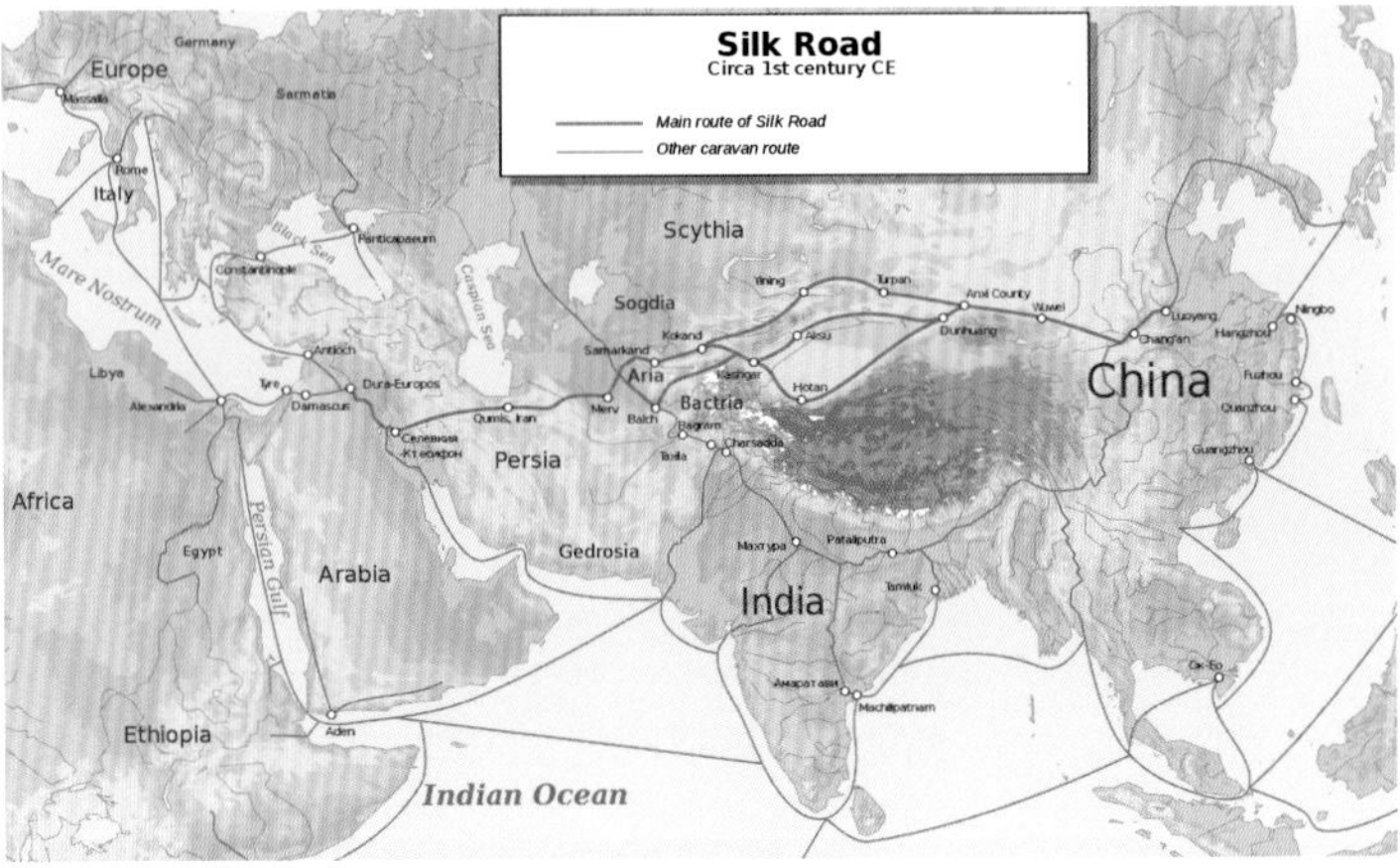

1世紀の「シルクロード」。この「道（ロード）」は、本当は日用品、金、宝石のほか思想や宗教など、絹以外にも多くのものが移動したネットワークである。

〜前87年）に中国を出て西方へ浸透し始めたことになっている。故郷の草原を追い出されていた大月氏《だいげっし》と同盟を結ぶため、武帝が張騫《ちょうけん》の使節団を派遣したときのことである。（敵である匈奴《きょうど》と同じように）馬術に長けていた大月氏は、バクトリア（現在のウズベキスタン）に定住していた。北部の中国人はフェルガナ盆地のたくましくて足の速い馬を欲しがっていたのに対し、草原の民は鮮やかな色の異国の絹織物――とくに暖かいが軽いキルトシルク――を手に入れたがっていた。めずらしい絹の衣装は、地位を誇示して、地元で作られた革やフェルトや毛皮を着ているライバルたちに差をつけるためのものだった。

　張騫《ちょうけん》は匈奴に捕らえられ、帰国するまでに13年かかった。彼は大月氏との取り引きには失敗したが、バクトリアの進んだ文明について貴重な情報を持ち帰った。これは絹だけでなく多くの商品の交易を刺激する働きをした。そしてそれにより、すでに何世紀も前から中央アジア全土に存在していた交易路網――のちに

「シルクロード」（ドイツの旅行家で科学者のフェルディナント・フォン・リヒトホーフェン男爵が19世紀に作った言葉で、ドイツ語で「ザイデンシュトラーセン」）と呼ばれるようになるもの――がいっそう発展した。[38] 中央アジアは、商人が西へ行く途中で通る地方というより、スーザン・ウィットフィールドが述べているように、「複雑な相互作用をするおびただしい数の海流」がある「大海」のようだった。[39]

中国より西で行われた桑を用いた養蚕の最初の証拠は、タリム盆地のタクラマカン砂漠の南端にあったホータン王国にあり、時期は西暦150年から350年の間のどこかである。この知識の伝達は、ホータン王家との婚姻の形で行われた漢の朝廷による外交的意思表示のひとつだったのかもしれない。しかし、今の時代まで伝えられている有名な伝説では、裏切り行為として語られている。伝説によれば、中国のある美しい皇女がホータン王に嫁ぐことになった。「絹の秘密」を手に入れたくてたまらない王は、未来の花嫁に、絹を着続けたいなら、それを作るのに必要なものをもってこなければならないといった。ホータンには桑も蚕もないからである。しかしそれらを中国から持ち出すのは禁じられていた、と伝説は明言する。

ハンガリー生まれの考古学者で1900年からホータンの古代遺跡を発掘したサー・オーレル・スタインは、7世紀の仏僧である玄奘《げんじょう》の西域の旅をもとに16世紀に書かれた「西遊記」のなかでこの伝説が語られている、と述べている。[40]

この〔皇女との結婚の〕申し込みが受け入れられると、〔王は〕中国から皇女に付き添う使

長方形の奉納板絵、7〜8世紀、片側にホータンに養蚕がもたらされた伝説が図解されている。中央の人物が桑の種子と蚕の卵を冠の中に隠してホータンへ持ち出した中国の皇女。

節を派遣し、彼を通して未来の王妃にホータンで上等な絹の衣を着たければ桑の種子と蚕をもってきたほうがいいと知らせた。

このように助言された皇女はひそかに桑の種子と蚕の卵を手に入れ、関所の衛兵長もあえて調べない冠の内側に隠してうまくホータンへ持ち出した。到着して厳かに王宮に入る前に、彼女はのちに麻射伽藍が建てられる場所で止まり、そこに蚕と桑の種子を残していった。種子から最初の桑の木が成長し、時期が来たらその葉が蚕に与えられた。[41]

この物語は、スタインがダンダンウィリク（ホータンの北東130キロ）で発見した奉納板絵の中に美しく描かれている。これは7〜8世紀のもので、現在は大英博物館にある。スタインは、かつてオアシスだったニヤで、彼が発掘していた遺跡を呑み込んでしまった砂漠の砂から、桑の木の乾ききった幹が列をなして突き出ているのを発見した。また、灌漑用の「タンク」（浅い貯水池）――いくつかはまだ水がたまっていた――のおかげで、かつてはこのオアシスの植生がいかに豊かだったかを示す、ポプラと、果樹があった証拠も発見した。

実際には、桑の木が種子から成長して、絹の衣を1着作るのに必要な何千匹もの蚕に与えるのに十分な量の葉をつけるまでには、何年もかかっただろ

タクラマカン砂漠（ホータン）のニヤで、サー・オーレル・スタインが1907年に考古学の遠征で発見した、乾燥した桑の木の残骸。

う。しかし、*M. macroura*、*M. mongolica*、*M. serrata* など、ホワイトマルベリーの近縁種がチベット、ヒマラヤ地方、モンゴルに自生しており、「トランシャン」で増殖されたか苗木が植えられた可能性がある。蚕の卵は非常に小さいため皇女は冠の中に何万個も容易に隠せただろうし、春には簡単に孵化するので、それほど問題ではなかっただろう。

タクラマカン砂漠は、そそり立つ砂丘が流れるように移動する近づきがたいところで、多くの命を奪ってきた。その名前はペルシア語で「置き去りにする」という意味の「ターク」と「場所」を意味する「マカン」に由来するのかもしれない（つまり「戻ってこられない場所」ということであり、チュルク語の「アクラー・マカン」は「踏み込めば二度と出られない」という意味で、その乾燥し荒涼とした状態を暗に示している）[42]。しかし、地下に消える川が何本もあり、桑の木も含め果樹の栽培に適した豊かなオアシスを生み出した。ホータンは絹の一大生産地となり、東の中国に向けても西方へ向けても交易に有利な位置にあった。古くからタクラマカン砂漠の北と南のふちにそって交易路が確立されていて、少なくとも紀元前第2千年紀から使われ、とくに南にある崑崙《こんろん》山脈の鉱山から軟玉《なんぎょく》が中国へ運ばれていた。

漢王朝の時代（紀元前202～後220年）は、絹の交易は揺籃期にあったが、すでにそのきらめく織物自体が通貨になっていた。兵士の給与を払うのに絹が使われ、その一方で旅の仏教僧が寺院へ奉納する品に絹を使い、生活費の支払いにもあてた。商人やそのほかの旅人も、品物やサービスと交換するために絹の反物を持ち歩いていた。[43]

●合流する2種類の桑

ホータンでホワイトマルベリーを用いた養蚕と桑栽培が定着してから1世紀か2世紀のち、その技術はフェルガナ盆地と、現在のウズベキスタン、キルギスタン南部、タジキスタンにまたがるバクトリアとソグディアの古代文明まで伝わった。都市国家サマルカンド（現在のウズベキスタン内）はシルクロードにおける交易の一大拠点になり、とくに260年頃から651年にイスラム教徒に征服されて滅亡するまでのササン朝ペルシアと盛んに交易した。

ここで養蚕が発展して、カイコガ属（*Bombyx*）の蚕が初めて在来のブラックマルベリー（*M. nigra*）を食べた可能性が高い。フェルガナ盆地はブラックマルベリーが自然に生育する東限で、東西にのびる自然の回廊となっている。小さな蚕の卵をホータンか中国から運んで養蚕を始めるのは簡単だったろうが、ホワイトマルベリーの葉の入手は、乗り越えられなくはないものの、もっと難しい問題だっただろう。東にあるパミール高原がタリム盆地より東に対する自然の障壁になり、おそらくマグワ（*M. alba*）の自生地の西の限界になっている。桑は、それを食べる鳥やそのほかの動物が排泄する果実中の種子によって繁殖するし、倒木繁殖による無性的な繁殖もできる。だが高い山岳地帯は両方の繁殖方法にとって障害になるため、マグワはパミール高原の東までもたらされたあと、すでにブラックマルベリーで飼育されていた蚕の繭の収量を改善するために、旅人によってシルクロードを通って運ばれたと考えられる。

マグワの葉で育てた蚕はブラックマルベリーで育てたものより速く成長し、上質の生糸を大量に生産する。このことは、2種の桑を食べた蚕から収穫されるものを比較する機会があった人なら誰にとっても明らかなことだっただろう。マグワを使うことの利点は明確だったため、生産者はしだいにブラックマルベリーをやめて、導入されたホワイトマルベリーを養蚕に使うようになった。今日でもこの地域では養蚕が盛んだが、マグワを使っている。

●西洋の帝国における養蚕

地中海東部とカスピ海の周辺地域では、絹は古代から知られていて、西暦1世紀にはすでに高価な商品になっていた。古代ローマのティベリウスの治世（14〜37年）に、元老院は絹を着て「自らを汚《けが》す」ことを禁じる贅沢規制法まで可決した。[44] しかし、絹の製法——そして正確にどこからもたらされたのか——は謎のままだった。

ライオン、ラクダ、ゾウ、神、人物が描かれた中国の錦織。おそらく、シルクロードのオアシスに立ち寄ったペルシアの商人を描いたもので、姿が水に映っている。北朝（365～581年）。

学者のなかには、古代ギリシア人は早くも紀元前5～6世紀に絹と絹を織ることだけでなく養蚕についても知っていたと主張する人もいるが、絹のギリシア語（セーレス）がまだ使われていなかったため、文献でそれをたどる試みは失敗に終わっている。[45] しかし、木の皮から「梳き櫛《ハックル》ですいて」取った糸を織った、「アモルギス」という透けて見えるような亜麻布への言及がある。[46] 紀元前6世紀のバビロン捕囚時代にエゼキエルが、「上質の亜麻布と高価な織物と刺繍のある服」（「エゼキエル書」16章13節）を身に着けた若い女性（明かされているように「姦淫を行った女」）について書いたとき、このアモルギス（絹）のことをいっていたのかもしれない。[47]「梳き櫛ですいた」ものも、蛾が羽化していなくなったあとも木についたままの繭のことをいったのかもしれない。すでにふれた、紀元前第3千年紀以降、インド北部で生産されていたタッサーシルクだった可能性もある。

アリストテレス（紀元前384～前322年）は蚕についての知識をいくらかもっていたようで、彼の『動物誌』にあるように、成長のある段階で一種のクモの巣の中に入ってそこで蛹《さなぎ》になり、最後には翅《はね》のある生き物になって出てきて、着ていた「チュニック」を脱ぎ捨てることを知っていた。[48] この場合も、野生の「タッサール」蚕について見るか聞くかしていたのだと考えられる。あいにく、帝国では誰もあまり関心をもたず、何世代もの間、これに続く情報が書かれることはなかった。

ローマの自然哲学者、大プリニウスも、絹がイモムシによって作られることを知っていたが、この昆虫が葉の表面からこすり取っているのだと考えた。

まず小さなチョウが生まれるが、それには綿毛がない。そしてそれは寒さに耐えられないので、もじゃもじゃした毛の房を生じ、冬に備えて木の葉の綿毛をざらざらした足で掻き集めて厚いジャケツをつくってそれを着込む。これが足で圧縮されて羊毛状のものとなり、彼らの爪ですいて補修される。それからそれが引き延ばされてよこ糸になり、櫛か何かでされるように細くされ、その後それがつかまえられて、彼らのからだに巻きつけられ、螺旋状の巣になるのだ、という。[49]［『プリニウスの博物誌　第I巻』中野定雄・中野里美・中野美代訳／雄山閣出版］

ただし、これは桑を使った絹ではなくタッサーシルクのことをいっているのかもしれない。

桑の葉の収穫。桑を刈る鎌が右の木に立てかけてある。この19世紀の西洋の木版画では男性が葉を集めているが、中国では普通、女性の仕事だった。

中国人は……森から得られる羊毛のようなもので有名で、水に浸したのち、葉の白い綿毛をすき取り、そうして我らが女性たちに、糸をほどいてまた一緒にして織るという二重の仕事を与えるのである。[50]

これより50年前にローマの詩人ウェルギリウス（紀元前70～前19年）は『農耕詩』（第2巻）に絹――あるいは亜麻布――について次のように書いている。

エチオピア人の農園にほの白く光るやわらかな綿、
中国人が葉から梳《す》き取るあの優美な布
［『農耕詩』河津千代訳／未来社］

ギリシア人が中国人をセレスと呼んでいたため、養蚕をセリカルチャーという。

プリニウスが書いている「ほどく」そして「織りなおす」というのは、平織りの絹をほどいて別のやり方で織ることで知られていたコス島の女性の織工の仕事をいっているのかもしれない。フランスのローマカトリックの聖職者であるブロティエ神父は、1842年頃に、ローマ人は3種類の絹、つまりセレス（中国）の絹、アッシリアの絹、コスの絹を知っていたと書いている。[51] コスの絹は男性の衣類に使われたが、女性用のもっときめ細かな絹はアッシリアのものだった（「アッシリアの蚕は婦人にまかせておこう」と書かれている）。

ブロティエ神父は、プリニウスの別の文章のことをいっていたのかもしれない。それから、プリニウスが蚕のことや絹糸の作り方についていくらか知っていることがわかる。

コス島では、サイプレス、テレピンノキ、トネリコ、オークが生えていて、これらの木の葉が成長しきると地面に落ちて、その水分で絹を吐く虫が育つ。アッシリアでは、ギリシア人とローマ人にボンビクスと呼ばれる蚕が地面に巣を作り、それを石に固定し、そこでそれはとても固くなり、一年中そこにあって、クモが作るような巣になる。[52]

同じように、2世紀のギリシアの旅行家で地理学者のパウサニアス（110年頃〜180年頃）は、プリニウスの数年後に蚕のことを、「フンコロガシの約2倍の大きさで、クモのように脚が8本あり、5年間生き、最後に消化不良で死んで、腹は細い糸でいっぱいになっている[53]」と書いている。

ローマ人は1世紀以降、インドと間接的に交易をしていたが、それはおもに、現在のエチオピア北部からエリトリアにかけての地域にあったアクスム王国が開拓した、インド南部から紅海に至る海の交易路によって行われていた。アクスム人は仲介者として重要な役割を果たし、独自の通貨を作って交易を促進した。（大半が中国の）絹だけでなく、ガラス、香辛料、象牙、綿などの商品も取り引きされた。絹の作り方に関するある程度の知識もこの交易路を通ってローマへ伝わったかもしれないが、養蚕を発展させられるようなものではなかった。

4〜6世紀にローマ帝国がビザンティン帝国（東ローマ帝国）に移行して首都がローマからコンスタンティノープル（現在のイスタンブール）へ移ると、この東の海のルートはいっそう発展した。絹の需要を満たすため、ローマ人は中国の糸を用いて、ベイルートやティルスといった都市を中心に自ら絹織物産業を興して成功した。[54]すでに述べたように、供給が不足したときは、織工が中国の絹織物をほどいて織り直した。ローマの織工——とくにコス島の織工——はその技術の高さで大いに称賛された。できたものはその後、シリアへ送られて染色された。ローマ——そしてのちにはビザンティン——の絹で特別目を引いたのが、東地中海地域でのみ見つかるアクキガイ科の貝から得られる、人気の紫色の染料だった。これは、おおよそ現代のレバノン、そしてイスラエルとシリアの一部に相当する地域で古代文明を発展させた、フェニキア人の時代にはすでに使われていた。フェニキア人はすぐれた交易商人であり、とくに紀元前第1千年紀に地中海周辺の土地に植民した。

●コンスタンティノープルと、修道僧による密輸

330年にコンスタンティヌス大帝は、ローマ帝国の首都を東のボスポラス海峡に面したビザンティウムという古代の植民都市に移し、コンスタンティノープルと改称した。ユスティニアヌス1世が527年にビザンティン帝国の支配者になったとき、陸路をやってこようがインド経由で海路をやってこようが、中国の絹織物と糸の交易の支配権はまだササン朝ペルシアにしっかりと握られていた。ビザンティン帝国とササン朝ペルシアはいくつも国境を接していて、外交的手段を用いて衝突を避け、交易を続けた。両国の交易において絹は経済的に非常に重要な位置を占めていたので、その供給はふたつの帝国の関係に大きな影響をおよぼした。しかしササン朝は、ビザンティン帝国への絹の供給を独占しているのをいいことに、高い関税を課して利益を得た。

敵対する両国の間の緊張を和らげるために作成された厳格な貿易協定があったにもかかわらず、ユスティニアヌスはササン朝の独占を完全に回避する別の供給ルートを開拓しようとした。そのひとつとして、インドとも交易していたアクスム王国との直接取り引きを試みたが、失敗に終わった。しかし、本当の「決定打」は、養蚕自体の秘密――絹を織って染めるだけでなく絹を作る能力――を手に入れることだった。ブラックマルベリーの葉はすでにビザンティン帝国のいたるところに豊富にあり、ないのは蚕と、生糸を作り収穫する方法についての知識だった。

この隠された重要な技術をユスティニアヌスがどうやって手に入れたかを伝える当時の記述は、ユスティニアヌスの治世について（ときにはあからさまに）記録したローマの歴史家プロコピオス

によるものしかない。カエサレア――現在のパレスティナ――で生まれたプロコピオスは、次のように書いている。

同じ頃、インドから何人かの修道僧が来て、ローマはもう絹を〔ササン朝〕ペルシアから買わなくてよいといってユスティニアヌス・アウグストゥスを満足させ、謁見《えっけん》の場で、ローマ人がこの種の商売を敵であるペルシア人やほかの民族としなくていいように、絹を作るための材料を提供すると皇帝に約束した。彼らは以前はセリンダにいて、そこはインド人がよく来る地方で、自分たちはそこで絹作りの技術を完全に学んだと話した。さらに、その秘密を教えてくれるのかどうか質問を浴びせる皇帝に答えて修道僧は、ある虫が絹を作り、虫たちが自然に仕事を続けること、その虫を確実に生きたままここにもってくることはできないが、簡単に成長し、難しくはないこと、一度に数えきれないくらいの卵がかえること、卵が産みつけられたらすぐに人間が肥やしでおおって虫になるように必要な期間暖かく保つことを話した。こうしたことを教えてしまうと、皇帝の気前のよい約束により、本当であることを証明するようそのかされて、インドに帰っていった。彼らは卵をビザンティウムへもってくると、すでに述べたような方法で卵を変身させて桑の葉を食べる虫にした。こうして、このときからローマ帝国で絹作りの術が始まった。[55]

この話の繰り返し語られるバージョンでは、修道僧はふたりの「ネストリウス派」の信者で、中をくりぬいた杖の中に隠して、蚕の卵をセリンダからコンスタンティノープルへこっそり持ち込んだことになっている。セリンダは、セリンディアつまりホータン、あるいはバクトリアなど中央アジアのどこかだったのかもしれないが、それには異論も出ている。ネストリウス派のキリスト教徒(もっと大まかには「東方教会」と呼ばれる)は、ビザンティン帝国での神学上の分裂の結果、西暦500年頃に生まれた分派である。彼らの考えに異議を唱えた「正統派」のキリスト教徒による迫害を避けて、まずペルシアに定住したが、道中でキリスト教への新たな改宗者を生み出しながら、東へ移住し続けた。

ネストリウス派の僧たちは最後には、はるか北のモンゴルに修道院を建てて定住した。シルクロードにそって中国までずっとつながったこのネストリウス派のネットワークは、ビザンティン帝国への入り口がまだササン朝ペルシアにあった絹の供給ルートをまるごと回避するのに理想的な手段を提供した。1オンス(28グラム)の蚕種《さんしゅ》に1万6000個ほどの卵が含まれているため、少なくとも家内工業的な絹生産を始められるだけの卵を中空の杖に入れてもってくることができたというのは、ありそうな話だ。1キロの生糸を作るにはおよそ5500匹の蚕と、それに食べさせる桑の葉が約100キロ必要である。僧が桑の種子ももってきたという記録はないため、地元のブラックマルベリーが使われたと推測される。

しかし、スーザン・ウィットフィールドは次のように忠告している。

桑栽培と養蚕の伝播に関するほかの物語と同じように、ネストリウス派のネットワークを持ち出すのは、商人、修道僧、外交官、兵士などによって物と技術が運ばれ、紀元後の最初の数世紀をかけてユーラシアを渡った、おそらく長く複雑な伝播のプロセスを単純化するものである。こうして徐々に桑栽培と養蚕の両方がまず中央アジアに普及し、それから西アジア、そして地中海地方を経て、遅れてようやくヨーロッパに達したのである。[56]

また、1950年代にイングランド南部で絹生産の事業を始めたときの幾多の試練についてゾーイ・レディー・ハート・ダイクが書いたものからわかるように、商業的に成り立つ事業を軌道に乗せるには、桑と蚕の卵以外にもたくさんのものが必要である。[57] 適切な温度管理がなされた蚕室《さんしつ》のほか、絶えず桑の葉――蚕の齢《れい》に合ったもの――を供給する必要があり、もちろん繭を収穫し生糸を繰り取るノウハウもいる。

◉アラビア人の絹交易

テュルク系のブルガール人が黒海から中国国境までの地域を支配した西暦550年頃、絹交易の地政学的状況はまた新たな転機を迎えた。現在のウズベキスタンとタジキスタンにあたる肥沃な盆地に住む、イラン語を話す民族であるソグド人は、中央アジアで交易商人として名声を得て、とくに3〜8世紀に陸のシルクロードぞいで中国との交易の仲介者として活躍した。彼らの養蚕と絹交易に関する知識は、その後、さまざまなチュルク系民族の王国や帝国にとって非常に貴重なものになった。ササン朝との紛争が続き、(ペストの大流行はいうまでもなく)壊滅的な被害をもたらし

蚕に食べさせるために桑の葉を集めているところ、19世紀、わら紙［稲わらから作られた薄い上質紙］に描かれた中国の絵。

イスラム時代初めのイランのササン朝（ペルシア）風絹布

た地震のあとシリア人による絹交易が崩壊したため、ユスティニアヌスはソグド人が仲介する絹の新たな供給ルートを歓迎しただろう。

どの道を通ったにしても、蚕は結局、ビザンティン帝国の首都に達し、10世紀にはコンスタンティノープルは絹の一大生産地になっていて、在来のブラックマルベリーで蚕を飼育し、国の統制下に置かれた工房で上質の絹を生産した。

もちろん本当に事態が一変したのは、7～8世紀に中央アジアがイスラム教徒によって征服されてからである。イスラム教徒の支配は、622～632年の10年でアラビア半島のいたるところに急速に広がった。1世紀余りのちの750年には、アラビア人は、西はイベリア半島（スペイン南部）と北アフリカから、シチリア島とクレタ島を経て、東は中国との国境、南はインド国境まで、北は中央アジアの大部分に広がる、広大な帝国を支配していた。もとのササン朝帝国はこの頃にはイスラムのカリフに支配され、絹の交易の観点からいうと、広範囲におよぶ密接に連携した交易網が生まれた。[58]

さらに絹の物語に脱線するのは簡単だが、ここで踏みとどまって、少し影が薄くなったシャム双生児のかたわれである桑の木に焦点を合わせなければならない。[59] ブラックマルベリーとホワイトマルベリーはどちらも西へ移動し続けたが、次のふたつの章で、それぞれ異なる時間軸ときっかけで移動したようすを見ていく。

第3章　忘れられた天使

もうすぐ第一次世界大戦（そこで彼は命を失うことになる）が始まる頃、イギリスの詩人で作家のエドワード・トマスは、紀行文『春を求めて *In Pursuit of Spring*』のための取材をしようと、ロンドンを出て自転車で走っていた。途中で大きな古い家の庭にある数本の古い果樹に注意を引かれた。「これらの庭のアーモンド、桑、リンゴの木」には「危ういというか、実際に檻に入れられたうっとりとするような美しさがあり、この世から遠く離れた世界からやってきて監禁されている生き物の美しさのような、さもなければ、荒廃した楽園の忘れられた天使のようだ」（パーシー・ビッシュ・シェリーの長詩「アドネース」から借用したたとえ）と彼は書いている。[1]

このような「荒廃した楽園」のすばらしい例が、ロンドンのキューガーデンからテムズ川をはさんで真向かいのブレントフォードにある。サイオン・ハウスに隣接する草木が生い茂った果樹園である。ここには10本余りの「忘れられた天使」が立っている。樹齢500年以上ともいわれる節くれだった桑の木だ。古木のしるしが認められる木が何本もある。心材がほとんど朽ち果て、外側の

ロンドン近郊のサイオン・ハウスに何本もあるブラックマルベリーの古木のひとつ。これらの木は、1536～1541年にヘンリー8世によって解散させられた15世紀のブリジッタイン修道院の果樹園の名残かもしれない。倒れた大枝から枝が上へ伸びて木立ちのようになっているが、もともとはすべて同じ幹から出たものである。

辺材は裂けて、別々になった幹が妖精の輪《フェアリーサークル》のようになっている。地面に倒れてしまったものもあり、枝が垂直に伸びて、将来、それ自体が木になる。このプロセスは「倒木繁殖」と呼ばれる。

ほかにもこれと似た桑の古木がイングランド中に点在しているが、すべてブラックマルベリー（*Morus nigra*）である。これらの木がそこにどうやってたどり着いたかの物語は、途方もない移動の物語で、かならずしも絹と関係のあることではない。

◉古代のブラックマルベリー

ここまで見てきたように、ブラックマルベリーの起源ははっきりしないが、一般に西は地中海地方から東はバクトリアとソグディアナ（今日のタジキスタン、ウズベキスタン、アフガニスタン）まで広がるササン朝ペルシア帝国（224～651年）とおおよそ一致する地域のなかにあると考えられている。旧約聖書にある言及が、少なくとも紀元前3世紀にはブラックマルベリーの自生地にレヴァント（エジプトと古代シリア）の多くが含まれていたことを裏付けているようだ。しかし、言及されている種が本当にブラックマルベリーなのかどうか、はっきりしない。

ジェームズ王訳旧約聖書（1604～1611年に完成）に、ダビデがどのようにしてレファイムの野（エルサレムの西）でペリシテ人を破ったかが書かれている。

桑の木越しに行軍の音が聞こえたら、攻めかかれ。主がペリシテ人の軍勢を討つために、お前に先んじて出陣されるのだ。〔「サムエル記下」5章24節〕

「進む」、あるいはときに翻訳されるように「行軍」の音というのは、葉のたてるサラサラという音をいっていると考えられる。しかし、それが桑の木だったというのは確かなのだろうか？　もともとヘブライ語とアラム語ではこの木は baca または bekha'im となっており、現代の翻訳では「桑」ではなく「バルサムの木」としている。だから、この木はブラックマルベリー（*Morus nigra*）ではなくメッカバルサム（*Balsamodendron opobalsamum* または *Commiphora gileadensis*）だった可能性がある。

聖書や古代ギリシア・ローマの文書では、ブラックマルベリーとシカモアとシカマインの間にもいくらか混乱が見られる。ヴィクトル・ヘーンが彼の一風変わっているが重要な『植物と動物の放浪』で指摘しているように、ギリシア新喜劇の詩人（最盛期は紀元前350年頃）が「君は化粧品の代わりにシカマインで頬を染める」と書いていたら、ブラックマルベリー（の実）のことをいっているると思ってほとんど間違いない。[2] そして同じ頃に活躍したギリシアの哲学者テオフラストス（紀元前371～287年）は、明らかにシカミノス（桑の木）とシカミノス・アエギュプティア（シ

聖書の「桑の木」はシカマイン、すなわちシカモアイチジクかもしれない。それはクワ属（*Morus*）の植物ではなく、エチオピアのアブレハ・アッバハ教会の近くにあるこのシカモアイチジク（*Ficus sycomorus*）（2012年）と同じく、近縁のイチジク属（*Ficus*）の植物である。

カモア、つまりエジプトイチジク）を区別していた。[3]

桑に言及しているいくつかの文書、とくに新約聖書（もともとはギリシア語で書かれた）では、まったく別の木のことをいっていたのかもしれない。聖書の現代の翻訳では、イエスが「もしあなたがたにからし種一粒ほどの信仰があれば、この桑の木に、『抜け出して海に根を下ろせ』と言っても、言うことを聞くであろう」（「ルカによる福音書」17章6節）といったとされている。

しかし、ジェームズ王訳では、イエスは「もしあなたがたにからし種一粒ほどの信仰があれば、このシカマインの木に『抜け出して海に根を下ろせ』と言ったら、それはあなたの言うことを聞くだろう」という。

聖書での桑、シカモア、シカマインへの言及は、すべてシカモアイチジク（*Ficus*

sycomorus）すなわち「いちじく桑の木」を指している可能性がある。これはエジプトとレバノンに野生で生育しているのが見られる堂々とした高木で、のちにパレスティナとイスラエルに帰化した。じつは、スタディ版新約聖書（「ルカによる福音書」19章4節）では「いちじく桑の木」という言葉が使われていて、注釈で「高さ9～12メートルの頑丈な木で、幹は短く、枝は広がり大人が乗っても支えることができる」と説明されている。これはブラックマルベリーの説明でもある。

桑と同様、シカモアイチジクはクワ科（Moraceae）の植物で、葉はブラックマルベリー（*M. nigra*）に似ており、このため表面的な特徴と類似に基づいて分類が行われていた時代には混同されていた可能性がある。したがって、ブラックマルベリーが聖地にもともと自生していたのか、それともあとから導入されたのかについては、結論が出ていない。

●ローマ人と桑

ローマの哲学者で医師のガレノス（130～210年）の時代には、桑についての混乱はなくなっていたようだ。ヴィクトル・ヘーンによると、その頃にはギリシア語のμωρός（モロース）という語根が桑の意味に使われ、ラテン語化されてモルス（*morus*）になった。ウェルギリウスがサングイネア・モルス（血の色をした桑）に言及したとき、ブラックマルベリーのことをいっていたのは明らかだ。

しかしさらに厄介なことには、ブラックベリーの実と桑の実の外見が似ているため、両者がいつも区別されていたとはかぎらない。明確にするためにローマ人は、ブラックマルベリーの実を指す

ポンペイの「ファウヌスの家」にあったこのモザイク画のように、ヴェスヴィオ火山の噴火によって埋められたいくつかのモザイク画に桑の実が描かれている。

ときはモルム・ケルサエ・アルボリス（背の高い木のマルベリー）、木自体を指すときはモルス・ケルサエといった。これに対し現代イタリア語のジェルソは、桑の実と木の両方を指す。同様のブラックベリーと桑の混同は、数世紀のちの中世英語の表記にも見られる。エルフリック大主教は著書『語彙集 *Vocabulary*』（10世紀後半）のなかで、両者を熟した実と未熟な実の色で区別するコツを示した。「*morus vel rubus, mor-beam*」（黒か赤はマルベリー）、「*flavi vel mori, blace-berian*」（黄色か黒はブラックベリー）である。[4]

紀元前1世紀の終わりにイタリアで活躍したローマの叙情詩人ホラティウスは次のように書いているが、明らかにブラックマルベリーの実のことをいっている。「強い日差しの射す前に／摘んだばかりの黒苺を／朝飯の後で食べておけば／夏を丈夫に過ごすだろう」[5]［「風刺詩」『ホラティウス全集』所収／鈴木一郎訳／玉川大学出版部］

古代に聖地（パレスティナ王国）にブラックマルベリーがあったというほいろいろな証拠があるが、少なくともローマ帝国の時代にはイタリアに定着していた。ヴェスヴィオ火山が西暦79年8月に噴火したときに溶岩と灰に呑み込まれた、ポンペイの「ヴィーナスの家」で発見されたモザイク画に、この木がはっきりと描かれている。[6] 桑の木は、「雄牛の家」の列柱廊や「ファウヌスの家」のモザイク画にも描かれている。[7]

現在、ポンペイ周辺の地域にはホワイトマルベリーが存在しているが、興味深いことに、1854年にポンペイが発掘されたときにドイツの植物学者ヨアキム・フレデリク・スコウが実施した植物調査では、ヴェスヴィオ火山が噴火した当時、ホワイトマルベリーがそこにあった証拠は見つかっていない。[8] この植物がイタリアにやってくるまでに、もう1400年かかったのである。

ローマ人は新たに土地を占領すると、ブラックマルベリーを持ち込んだ。兵士の健康を保つためではなく、支配層が果実を目的に栽培したようだ。ローマ軍は紀元前121年頃にプロヴァンスを併合したあと、紀元前58年にユリウス・カエサルが率いる軍事行動が成功して、ガリアを征服した。彼らは定住し、その後500年間とどまって、フランスの都市や田舎の風景に消えることのない刻印を残した。ブラックマルベリーの遺物が、アルモリカ山塊（現在のブルターニュ）のようなはるか北のローマ時代の井戸で発見されている。ローマ時代のブラックマルベリーの証拠は、アーヘン、ケルン、トリールからドイツ北部まで、ヨーロッパ各地の遺跡でも見つかっている。[9]

486年にローマ人がガリアを去ってからかなりたっても、ブラックマルベリーは薬理効果と栄養価の高い果実を目的に栽培され続けた。ブルターニュのブレストに近いランデヴェネックにある

シルチェスターにあるローマ時代の遺跡（インスラIX）から発掘されたブラックマルベリーの石化した種子、イギリス、西暦50〜60か70年。

中世の聖ゲノレ修道院にあったブラックマルベリーの木については、11世紀から記録がある。シャルルマーニュ（742〜814年）は、王室の領地で栽培することが望ましい植物を記載した802年の布告に、ブラックマルベリーを載せている。[10] そして、桑はワイン作りに使うこと、と明記している。摘み取ったらたちまちだめになる果物が有り余るほどある場合、賢明な利用法である。シャルルマーニュの布告には、果実（およびそのほかの食物）を扱う者はきちんと手を洗って衛生に細心の注意を払わなければならないということまで明記されていた。

ローマ人は、西暦43年頃にロンディニウム（ロンドン）を創建したとき、大ブリテン島にもブラックマルベリーをもたらした。1970年代に考古学者が、旧ビリングズゲート魚市場があったところに近い、テムズ川ぞいの水につかったローマ時代の遺跡を発掘していて、ブラックマルベリーの種子を発見した。[11] ブラックマルベリーの果実は移動しない（すでに述べたように、ホワイトマルベリーと違って、すぐにつぶれて乾燥させることができない）ため、その種子は植えるために持ち込まれたか、ローマ人が近くに植えていた木から収穫された果実のものだったにちがいない。イギリスの古生植物学者のクレメント・リードも、1901～2年にハンプシャー州シェルチェスターのローマ都市の発掘中に、ブラックマルベリーの種子を発見した[12]（イギリスの気候が2000年前にはもっと温暖だったことを思い出してほしい。ローマ人はブドウ、カリン、イチジクも栽培していた[13]）。

◉ムーア人と桑

ローマ人が紀元後の最初の数世紀にブラックマルベリーをフランスとイギリスに広めた主たる媒介者だったとすれば、スペインと北アフリカにこの木をもたらしたのはアラビア人（ムーア人）だった。ただし、このときは人間の食料や薬の供給源というより蚕の餌としてだった。

751年に現在のキルギスタンからカザフスタンにかけての地域に相当するタラス渓谷で中国の唐軍が敗れたあと、イスラム軍は戦争捕虜のなかからすぐれた絹織職人をとらえたと考えられている。中国人の歴史家シンルゥ・リィウ（劉欣如）によれば、この勝利のあとすぐに、桑の木が初めて商品作物として「はるばる北アフリカとスペイン南部へ」輸出され始めたという[14]。しかしこれはおそらく、複雑でもっと長期にわたる桑の西方および南方への拡散を単純化している。この頃にはブラックマルベリーは——そしてホワイトマルベリーさえも——中国の外で養蚕のために栽培されていて、イスラムの支配者も東へ拡大するにつれてそのことを知るようになっていただろう[15]。

ホワイトマルベリーは中世の初めには中央アジアで生育していたかもしれないが、スペイン、ポルトガル、北アフリカでの第一波のムーア人による養蚕は、東地中海地域周辺にすでに豊富にあったブラックマルベリー（*M. nigra*）が中心だった。したがって、ムーア人がこれらの国々に蚕と同時にブラックマルベリーを導入したのだろう。[16]

スペインはヨーロッパの重要な絹生産国であり続け、とくにアルメリアの港ができたあと、14～15世紀に輸出量がピークに達した。1520年代の記録に次のように書かれており、とくに港周辺の地域に桑が豊富にあったことがわかる。「［この地域は］イスラムからキリスト教への移行の影響をほとんど受けていなかった。かつてのムーア人は……草原や荒れ地に囲まれた、集約的に耕作された階段状のオアシスに住んでいた。記録されている主要作物はオリーブと桑である」[17]。

スペインではかつて、各人の富――そして納めなければならない税金――が、所有している桑の木の数、あるいは収穫する蚕繭《さんけん》の量をもとに計算された。[18] 14世紀には、絹生産を国の工房に集中させたビザンティン帝国とは違って、スペインの生糸はしだいに分散した家内産業のネットワークによって生産されるようになり、生産者はそれぞれ数本の桑の木と蚕を飼育するための部屋をもっていた。

桑の木の段々畑はスペインの風景を変え、中世から初期近代の段々畑は「地中海文化の風景のなかでもっとも異彩を放つもの」[19]になった。スペイン南東部、アルメリア近郊のタルヴァルのブドウ園に関する1528年の賃貸契約書に、「3段に8タウジャ［約90アール］の土地があり、そこにはイチジクの木が13本と桑の木が5本ある」[20]と書かれている。

アル・マズノウ（スペイン）。スペインの一部では、ホワイトマルベリーは普通に見られる街路樹である。

それでも、16世紀にフランスで養蚕が盛んになるにつれて、スペインの絹産業は衰退し始めた。しかし、植民を進めるスペインのコンキスタドールは、16世紀初頭にニュースペイン（メキシコ）で絹産業を始めて成功した。そこですでに生育していたレッドマルベリー（*Morus rubra*）の変種を見つけた彼らは、１５３１年にカイコガ（*Bombyx mori*）の卵をオアハカ周辺の地域に持ち込んだ。この事業は非常によいスタートを切ったが、わずか60年後にはこの若い植民地産業はすでに衰退しつつあり、それはひとつにはスペインからもたらされた新たな病気によって先住民の労働力が大幅に減少したからだが、フィリピンのマニラからガリオン船でやってくる輸入品の絹との激しい競争のせいもあった。[21]

◉難民と亡命者と桑

地中海のシチリア島は、ブラックマルベリーの西への移動と、イタリアの残りの地域、北アフリカ、そしてフランスへの養蚕の拡大に重要な役割を果たした。１０９１年にシチリア島はノルマン人の支配下に入り、アラビア人の手からビザンティン圏に取り戻された。この島は言語、宗教、文化のるつぼ——ギリシア、アラブ、ローマ、ノルマン——になり、異文化に寛容なことで知られた。12世紀初めにシチリア王国は本領を発揮して、ルッジェーロ2世のもとでローマより南のイタリアの大部分を領有した。

地中海の中央という地理的位置のおかげで、シチリアはヨーロッパ、北アフリカ、中東と貿易するのに理想的な場所だった。ルッジェーロ2世は、王国の運営を助けさせるため、経験を積んだアラビア人やギリシア人の行政官を招くことさえした。彼はアミールと呼ばれる数人の提督に率いられた強力な艦隊を作り上げ、もっとも有力な提督が、シリア生まれだがギリシア人の先祖をもち、チュニジアに住んでいた、アンティオキアのゲオルギオスである。

しかし、すべてが調和し平和だったわけではない。1147年にゲオルギオスはギリシア、とくにペロポネソス半島とテーバイに対して一連の攻撃を仕掛けた。ここでは6世紀に始まった養蚕のためのブラックマルベリーの木の栽培が非常に重要な産業になっていて、この半島は桑を意味するギリシア語にちなんでモレアと呼ばれるようになった。形がちょっと桑の葉に似ているせいもあったかもしれない。

ゲオルギオスは、コンスタンティノープルをもしのぐ帝国最大の絹の生産地となっていたテーバイで、名高いビザンティンの絹製品を略奪した[22]。彼はこの都市のユダヤ人の織工——皇帝が絹に対する厳格な独占権をもつコンスタンティノープルで仕事をすることを禁じられていた——を何人か捕らえ、一緒にパレルモへ連れていった。彼らはここで働かされてシチリアの絹織物産業の確立を助け、それはしばらくの間、西洋でもっとも重要な位置を占めるようになった。その後はきっと、シチリアのノルマン人およびシュワーベン（ホーエンシュタウフェン朝）の王たちの広大な園地にブラックマルベリー（のちにはホワイトマルベリー）の木が植えられただろう。

歴史の流れのなかで絹の織工は何度も強制的に移住させられ、養蚕の知識とともに移動して、桑と蚕に加えてこの産業の移動の媒介者となった。第4回十字軍のとき、1204年のコンスタンティノープルの破壊ののち、絹にかかわる熟練労働者が大勢この都市から逃げ出し、イタリアに——とくにルッカ、そしてフィレンツェ、ジェノヴァ、ミラノ、ヴェネツィアにも――定住した。[23]

のちに1492年のアルハンブラ勅令により、カトリックに改宗しないユダヤ人はスペインから追放され、オスマン帝国、とくにガリラヤ湖のほとりにあるシリア南部のティベリア（現在はイスラエル領）に何十万人も住みついた。ポルトガルの外交官ヨセフ・ナジは、1561年にここでスルタンから支援を受けて絹産業を始め、大規模に桑の木を――この頃にはホワイトマルベリーも――植えた。1世紀のちの1685年、フランスのルイ14世が発布したフォンテンブロー勅令（ナントの勅令を廃止した法令）によって、プロテスタントのユグノー教徒の信教の自由に終わりが告げられ、宗教難民のヨーロッパ北部への大量脱出が起こった。彼らのなかには腕の立つ絹織工が大勢いた。だが、話がそれてきたので、戻すことにしよう。

●フランスにおけるブラックマルベリーでの養蚕

フランスでホワイトマルベリーを使った養蚕が本格的に始まったのは、16世紀初めになってからである。しかし、それより200年前にヴネサン伯領という地域で、カトリック教会から推奨されて、ブラックマルベリーを使った養蚕が始まっていた。この伯領はおおよそ現在のヴォクリューズ県に相当し、絵のように美しいリュベロン山塊があるところだ。行政の中心はアヴィニョンにあり、1271年にこの地域は教皇庁に遺贈された。教皇ベネディクト11世の死後、フランスとイタリアの枢機卿の間で1年にわたって激しい論争が続いたあと、1305年にようやくフランス人のベルトラン・ド・ゴが選ばれて教皇クレメンス5世になった。

フランス王フィリップ4世から圧力をかけられて、クレメンスはローマへ移ることを拒否し、代わりにアヴィニョンに教皇庁を設けた。１３７６年にグレゴリウス11世が教皇庁をローマへ戻すまで、ここが教皇による教会統治の中心地であり続けた。カトリック教徒が比較的寛容なため、イタリアやフランスのほかの土地から、迫害されたユダヤ人がアヴィニョンと伯領にやってきて、そのなかには織工や絹生産の技術をよく知っている人々もいた。イタリアの経済が沈滞していた時期でもあり、どうしてこの頃の伯領に絹織物生産と養蚕が定着したのかが理解できる。最初の国産フレンチシルクがアヴィニョンの織機で作られた。ドゥセットと呼ばれる羊毛と絹の混紡、そしてのちにはシリアで開発されたサテン（朱子織《しゅすおり》）の織物であるダマスク織（ダマスカスの都市名にちなむ）が生産された。[24]

ブラックマルベリーの木がピレネー山脈を越えてスペインからも輸入され、13世紀の間にセヴェンヌ地方に植えられたという説がある。ラングドックに保管されている公文書に、１２９６年にすでにアンドゥーズのレイモン・ド・ゴソルグという人物が公式にトラハンデリウスつまり「絹の糸繰り人」として登録されている。そして14世紀初めにミアレとサン・ジャン・デュ・ガルの町の小作農に売られていた蚕の卵についての記録があり、できた繭は地元で糸繰りされたのち、パリで取り引きされた。[25]

まずローヌ川ぞいのリヨン周辺、それからロワール川ぞいのトゥールで、フランスの養蚕が公式に認められ始めたのは15世紀になってからである。イタリアとスペインが絹糸と絹織物の生産で繁栄するようになったようすを見たルイ11世（１４２３〜１４８３年）は、１４６６年11月24日付けの特許状で、リヨンのこの生まれたばかりの産業を奨励しようとした。ルイ11世はフランスの絹織工に税金の支払いを免除し、イタリアから蚕の卵を取り寄せ、織工と紡績工を呼び寄せた。おそらくその頃には定着していたブラックマルベリーの葉を使ったのだろう。

しかし、リヨンの織工と小作農は、すでにとてもうまくいっていること――輸入した絹糸を織ること――に集中せずに、桑の木を栽培し蚕を育てて繭から糸を繰り取る馴染みのない養蚕の仕事に切り替えるのは気乗りがしなかった。このため、ルイ11世はこの事業をロワール渓谷にある、とくに気に入っているプレシ・レ・トゥール城ですることにした。ラ・プラティエール子爵ジャン＝マリー・ロラン（リヨンの絹生産の監督者）による18世紀の記述によると、ルイ11世はイタリア人のフランソワ・ル・カラブロワ（フランチェスコ・デッラ・カラブリア）にトゥールの地所に桑を植えるよう命じた。30年後、それは「直径15～18インチ〔38～46センチ〕のよい木」に成長していた。[26]

ルイ11世は1483年に亡くなり、事業が花開くのを見ることができなかったが、彼が夢見た養蚕の振興は、当時13歳だった息子のシャルル8世（1470～98年）の仕事になった。この頃はホワイトマルベリーを使っていたはずで、数十年前にイタリアから初めて導入されたが、次章で見ていくように、すでに広く受け入れられていた。

●ブラックマルベリーが（再び）海峡を渡る

14世紀からフランスで起こった絹織物業の目を見張るような隆盛は、おもにリヨンとトゥールが中心で、最初はたいてい輸入生糸を使っていた。その後5世紀にわたって歴代の支配者たちがフラ

ブラックマルベリーは修道院と関係があることが多い。この木は、修道院解散のときにヘンリー8世に破壊された、ロンドン近郊のレニス・アビーの廃墟に立っている。

ンスの養蚕を軌道に乗せ、生糸の購入のために大金がイタリア、スペイン、中東へ流出するのを防ごうとした。その結果、馴染みのないホワイトマルベリーの大量植付けが散発的に行われ、これは反対にあうこともあった。その間、(当時は) もっと馴染みのあるブラックマルベリーが、とくにセヴェンヌ地方とラングドック地方で、フランスの養蚕に使われ続けた。

次章で見ていくように、17世紀になる頃、アンリ4世の治世に、高名な園芸家であるオリヴィエ・ド・セールがホワイトマルベリーを使った養蚕の大幅な拡大を監督していた。同じ頃、スコットランド王ジェームズ6世が1603年にイングランド王に即位してジェームズ1世となり、イングランドとスコットランドの王位が統合された。ジェームズはアンリ4世の取り組みを大いに関心をもって見ていた。桑がもう一度、英仏海峡を渡ろうとしていた。今度は大量に。

410年頃にローマ人がイングランドを去ったのちも、おそらく桑は彼らが入植していたところで果樹として栽培され続けた。老いてきた最初の木の古い切り株から、「不死鳥」のように次々と若枝を出して再生した木もあったはずだ。[27] 中世の修道院でも栽培された。もしかしたら、ローマでその果実を味わったことのある修道士が、戻ってきて勧めたかもしれない。

ヘンリー8世と彼に重用されたトマス・クロムウェルが1536～1541年にカトリックの修道院を解散させたとき、いくつかは破壊を免れ、最終的には王に気に入られている人たちの手に渡った。新たな所有者は修道院を宮殿のような屋敷に変え、そこにあった桑の木はそのまま残した。チューダー朝時代の晩餐会で新鮮な桑の実は人気があり、ライバルに一歩先んじるチャンスを与えてくれたが、新鮮な桑の実がほしかったら、自分の庭で育てなければならなかった。だから、もと修道院の果樹園にある成熟した桑の木を維持することに特別な関心がもたれていたのだ。そういうわけで、15世紀に聖ブリジットを信仰する修道院で、現在、桑の木立ちがあるまさにその場所に果樹園があったサイオン・ハウスに、「忘れられた天使」たちがいるのである。

しかし、ジェームズ1世が桑に関心をもっていたのは、果実ではなく葉に理由があった。イングランドの木で蚕を飼育することを計画していたのだ。イングランドのあちこちに点在する、カントリー・ハウス（田舎の邸宅）やもと修道院にある数本のブラックマルベリーの木では、大陸と競争できるような絹産業を維持するには不十分なことは明らかだった。彼は、絹産業を始めるにあたりどのように進めればよいか最良の助言を求めて、プリマス生まれの商人で税関吏であるウィリアム・

ストレンジに、フランスのアンリ4世の助言者で友人でありフランス屈指の専門家であるオリヴィエ・ド・セールによる桑と蚕に関する著作の翻訳を誰かに依頼し出版するよう求めた。ストーレンジは以前、エリザベス1世の時代に、大きな権力をもつウィリアム・セシル（バーリー卿）に雇われていたことがあったため、すでに宮廷に気に入られていた。チューダー朝の時代には（今日と違って）、その人が何を知っているかではなく、誰を知っているかが重要だったのだ。

1607年に62歳のストーレンジは、ニコラス・ジェフによって「フランス語の原本から翻訳された」『蚕の完璧な利用法とその恩恵 *The Perfect Use of Silk-wormes, and their Benefit*』の出版を監修した。本にある、イギリス国民にこの翻訳をもたらしたジェフの働きに対する献辞では、彼と、国内で育てられた桑がとくに輸入される絹への支出を節約することにより国にもたらすことが見込まれる富について、称賛の言葉が惜しみなくおくられている。

> イギリスの土地に馴染んだこの木と
> 国民に教えられた真の利用法は
> （外国から）ここへもたらした
> 彼の苦労に30倍報いるだろう。[28]

当時、影響力と恩寵のおよぶ範囲はじつに狭かった。ニコラス・ジェフは、ジェームズ1世のもとで司法長官になったフランシス・ベーコンとつながりがあった。[29] ベーコンはロバート・セシル（バーリー卿の息子）のいとこだった。しかし、そのことは役に立たなかったかもしれない。ライバル関係にあるいとこ同士の仲は悪く、セシルはひいき目に見てもベーコンの出世を助けたいなどとは思っていなかったようだし、悪くするとむしろ妨害したいと思っていた。

絹の国内生産の計画を実行に移すため、ジェームズは「イングランドのいくつもの州の統監」と副統監に手紙を書いて、「できそうな者を説得し要請して、1本あたり3ファージングか、5スコア入りつまり100本が6シリングで配布される、桑の木を1万本購入し自州に配布する」よう求めた。数千匹の蚕に食べさせるための桑園を作れるように、あまり金のないところには、翌春植えるためのもっと手ごろな値段の袋入りの桑の種子が供給されることになっていた。ジェームズは、「前述の桑の木を増やす方法と蚕を飼育する方法についての分かりやすい説明と指示、そのほかあらゆる点で推奨に値する有益な仕事に必要とされる、理解すべきことをすべて」印刷することも約束した。これは、1609年にストーレンジが発行したパンフレットの形で実行された。[30] これはじつは1603年に出版されていた、ジャン＝バティスト・ルテリエによるフランス語のパンフレットを翻訳したものだった。[31] ストーレンジ版への付録として、王の手紙の写しが載せられた。

ジェームズは先例を示すため（アンリ4世がパリのテュイルリー庭園でセールにしたように）ストーレンジに「桑の木の植栽用にウエストミンスターの宮殿の近くに国王陛下のために取得した1・6ヘクタールの土地の代金と、桑の木のための囲い、地ならし、植栽の費用を合わせた桑の植付け代として、合計935ポンド」を支払った。[32] これは、セント・ジェームズ宮殿の敷地内にある名高い（のちには悪名高い）マルベリー・ガーデンになった。現在のバッキンガム宮殿の裏手にあっ

蚕と桑の葉が刺繍された絹のドレスを来た「名前のわからない貴婦人」の肖像画の細部。モデルは、エリザベス1世と考えられたこともあるが、ジェームズ1世の妃で王の養蚕計画に情熱を注いだアン・オブ・デンマークかもしれない。絵はイギリス、サセックス州のパーラム・ハウスにある。

た庭園の北西のすみと、それに隣接するグリーン・パークの一部にあたる場所である。この土地は、ウエストミンスターの大修道院長から「購入」（徴発）されたものだった。

ジェームズの妃であるアン・オブ・デンマークも熱心で、グリニッジ宮殿に蚕の飼育室も備えたもうひとつの桑園を作った。グリニッジ・パークの北西のすみにある、今は女王の果樹園となっているところの、壁で囲まれた庭にブラックマルベリーの老木が1本現在も生き残っているが、桑園や、正確にそれがあった場所の名残だと確実にいえるものはない。もしかしたらその桑園は、数キロ東にあるチャールトン・ハウスの敷地にあったのかもしれない。ここは、ジェームズの長男のヘンリー王子（1年後に腸チフスで亡くなる）の家庭教師の住まいとして1611年に完成した。チャールトンにも古いブラックマルベリーが1本残っているが、そこが桑園の一部だったのかどうかははっきりしない。

アンは、サリー州エルムブリッジのオートランズにある王宮にもうひとつ桑園を設けた。オートランズで彼女は、イニゴー・ジョーンズに依頼して上品な2階建ての養蚕所を建てさせた。この建物は、ポール・ファン・サマーズ（1574～1619年）が制作した1617年の彼女の肖像画の背景に描かれている。[33] ジョン・ボノウィユが、オートランズの王室庭園、ブドウ、蚕の管理者に任命された。彼は、ジェームズがのちに大西洋の向こうのヴァージニアで養蚕事業を進める際に監督を任せた人物である。絹生産計画の最初の数年で、ジェームズは事業を軌道に乗せるためにかなりのエネルギーを注いだ。ウィリアム・ストーレンジとフランソワ・ド・ヴェルトン（セニュール・ド・ラ・フォレとも呼ばれる）が全権を与えられて、桑の木と蚕をその育て方についての指示とともに各州に配布し、ジェームズの布告の言葉を実行した。ストーレンジとヴェルトンは、フランス南部のラングドックから1万本の苗木を取り寄せて、リストにある13州のひとつひとつに配った。

著名な経済・社会歴史学者の故ジョオン・サースクは、ジェームズの絹生産計画についてのくわしい記述のなかで、伯爵、公爵、そのほかの貴族全員がジェームズの計画に参加したわけではなく、ストーレンジとヴェルトンを手ぶらで帰らせたと書いている。しかし、協力した貴族もいて、ノーサンプトンシャー州では、レスター伯が3000本、ヘンリー・ピアポント卿がノッティンガムに1000本という具合に、ふたりの副統監が多数の苗木を引き受けた。ほかに何人も「かなりの数」を引き受けたが、ラトランド公爵のようにこの計画にかかわるのを断った者もいた。[34]

ケンブリッジ大学のいくつかのカレッジもジェームズの計画に参加したことがわかっている。ケンブリッジのクライスツ、コーパス・クリスティ、ジーザス、エマニュエルの各カレッジに、すばらしい古木が何本か今日まで生き残っている。カレッジの記録に、ブラックマルベリーの購入、そのための土地の準備や蚕を収容する「小屋」の建設のための明細が示されている。[35] オックスフォード大学のペンブルック・カレッジにもブラックマルベリーの古木が1本あり、バリオール・カレッジにもう1本ある。

ヴェルトンとストーレンジが各州をまわっている間に、ジェームズ1世はマントン（あるいはマウンテン）・ジェニングズとかいう人物に50ポンド払って、ハットフィールドの宮殿と交換で初代ソールズベリー伯ロバート・セシルから手に入れたシオボールズ（ハートフォードシャー州）にあるお気に入りの宮殿に、桑を植えて「蚕のための場所」を作らせた。1611年にセシルは、新たに任命した庭師頭のジョン・トラデスカント（父）を北海沿岸低地帯とパリへ派遣して、ジャコビアン様式に改築したハットフィールド・ハウスに植える桑を買わせた。リンダ・リーヴァイ・ペックによれば、セシルは絹の利益がどこで生み出されるか――関税からの一定の取り分を王から認められている輸入か、それとも国産の絹か？――を考えて、抜け目なく両方に賭けたという。[36]

ハットフィールド・ハウスの書庫に保管されていた記録に、トラデスカントがライデン、ルーアン、パリで購入したブラックマルベリーの明細がある。ソールズベリー・エステートの記録官サラ・ホエールによると、次のような内容だという。

オランダのライデンで、トラデスカントはさまざまな花や果樹を購入し、そのなかに2本の桑の木があって6シリングした（明細書58-3）。この明細書の日付は1612年1月5日となっている。ルーアンでは、トラデスカントは17本の「ブラックマルベリーの木を1本2シリングで」買い、「モモ、マルベリー、ビガローというサクランボ」の木104本に10ポンド支払った（明細書58-31）。この明細書の日付も1612年1月5日となっている。[37]

ほかの記録から、トラデスカントはハットフィールドに桑の木を合計500本植えたと考えられるが、現在、これらの木の痕跡はない。[38] しかし、4本の観賞用のブラックマルベリー――もしかしたらトラデスカントの時代より前に植えられたのかもしれない――のうちの1本は、古いチューダー朝時代の宮殿に隣接した、ハットフィールドの整形式のウエスト・ガーデンに今でも生えている。

養蚕のために植えられたのかどうかはともかく、桑は17世紀初めに町のうわさ、とくに王とロバート・セシルに近い人々の間で話題になっていたにちがいない。それで、もうひとつの「忘れられた天使」の存在を説明できる。それは、セシルのいとこにあたるフランシス・ベーコンが1617年から数年間住んでいた、ロンドン北部のチューダー朝時代のキャノンベリー・タワーの裏にある、壁に囲まれた中庭の1本のブラックマルベリーの老木だ。トラデスカントは1年前に、ハットフィールドからカンタベリーに移ってウォットン卿の庭師頭の職についていたが、理想の整形式庭園のデザインについてのベーコンの随筆――1608年に書かれたが1625年まで出版されなかった――が、ハットフィールドのイースト・ガーデンの配置に影響を与えたのかもしれない[39]。この場合も、親しい者の間で影響をおよぼし合っていたのだろう。

●間違った桑?

ジェームズの養蚕計画はイングランドでは期待通りの結果が得られず、ストーレンジがブラックマルベリー（*Morus nigra*）を選択したことが失敗の原因だとされることが多かった。成功したイタリア、フランス、スペインの養蚕では、かなり前に、中国人が非常に高く評価するホワイトマルベリー（*Morus alba*）に変えられていた。オリヴィエ・ド・セールは、桑と絹についての「バイブル」（ニコラス・ジェフの努力のおかげで、その頃には英語のものが手に入った）で、養蚕事業をゼロから始めるとき、蚕に食べさせるにはホワイトマルベリーがつねにブラックマルベリーより望ましいと、はっきり説明している。しかし、彼はブラックマルベリーの有用性を否定してはいない。

> あなたの土地にすでにブラックマルベリーが植えられているのなら、いわれている理由で、わざわざそばにホワイトマルベリーを植えることはせず、そのままにしておきなさい。しかし、どの種類のマルベリーもなくて、栽培を始める場合は、なるべくよいもののほうがいい。桑畑に植えるのはつねにホワイトにするべきだ……ホワイトマルベリーのほうが簡単に根付き、ブラックよりよく成長し、2年後には6年たったブラックより生育が進んでいる。[40]

セールは、ブラックマルベリーはヨーロッパのいくつかの地方、とくに「ブラックマルベリーによる絹から大きな利益が生まれているロンバルディア、アンデューズのこちら側、アレス、そのほかラングドックのセヴェンヌにかけての場所」で、養蚕に使われて成功していることも強調した。ブラックマルベリーについての彼のおもな批判は、絹が「太く丈夫で重く」なる傾向があるということで、このため非常に細く軽い絹——もちろんこちらのほうが高い値がつく——を作るのには使えない。彼はまた、ふたつの「食事」を混ぜずに、地元で手に入りやすいほうだけを使うように注意した。しかし、セヴェンヌ地方の養蚕は、19世紀までに大規模にホワイトマルベリーに切り替えられた。

ブラックマルベリーはすでにイングランドで生育していて、何本もの木がもうかなりの樹齢に達していたにちがいない。イギリスの気候に耐えられる証拠である。一方、ホワイトマルベリーはどれくらいの数あるかわかっておらず、イングランドでうまく育った例がなく、フランス南部、イタリア、スペインの暖かい大陸の気候のものだろうと思われていた。それで、ストーレンジはイングランドに植える木としてホワイトよりブラックマルベリーを選ぶ気になったのかもしれない。

19世紀の初めにスコットランドの植物学者で庭園デザイナーのジョン・クラウディス・ラウドンは、17世紀に養蚕がうまく軌道に乗らなかったのは桑の種類の問題ではなく単純に気候の問題だったとして、「ペルシアのような暖かい気候では、ブラックマルベリーの葉は十分に水気があって蚕の餌にできるが、もっと寒い国では同じようにはいかない[41]」と書いている。セールは、蚕は雨の多いところではうまく育たないという警告もしていた。

この虫は、湿潤な場所で育てた葉を与えると、うまくいかない……餌ができる途中で雨が降ると、奇妙なことに虫の生育が妨げられ、旺盛に貪り食っているときと比べると、まるで寿命の終わりに向かっているように見える。それは、ぬれた葉が危険な病気をもたらすからである[42]。

当時、イギリスは小氷河期にあり、冬が長く寒さが厳しかった。テムズ川は17世紀に10回以上凍り、川の上でフロスト・フェア（氷上縁日）が開かれるのもめずらしくはなかった[43]。ジェームズが各州の統監たちに養蚕計画を支援するよう求める手紙を書いていた1608年の冬には、テムズ川が一面凍っていたほどだ。だが、イギリスの長引く寒さの悪影響を受けたのはきっと桑ではないだろう。その証拠に、17世紀の桑が何十本も今でもまだ生きている。なんといってもブラックマルベリー（*Morus nigra*）は、霜が降りなくなるまで葉を出す危険を冒さないという理由でプリニウスが「いちばん賢い木」と呼んだ木なのだ。ジェームズの事業で問題だったのは、蚕の卵の孵化と桑の最初の出葉《しゅつよう》のタイミングを合わせるのが難しいことだったのかもしれない。冬が厳しく長いということは春が遅いということで、ことによると一年分の蚕繭《さんけん》の収穫がだめになるおそれもあった。

イングランドで絹を目的に（ブラック）マルベリーを栽培する努力は、17世紀から18世紀初めまでスチュアート王家のもとで断続的に続いた。1630年にジョン・ボノウィユが亡くなると、ジェームズ1世の後継者であるチャールズ1世は、ジョン・トラデスカント（および彼の息子で22歳のジョン・トラデスカント）を任命してオートランズの庭園を引き継がせ、彼にさらに年に100ポンド（今日のおよそ1万2000ポンド、熟練した職人の給料の4倍に相当）支払ってロンドンのマルベリー・ガーデンの世話をさせた。アン・オブ・デンマークと同じように、チャールズの妃ヘンリエッタ・マリアも、オートランズで過ごす時間を楽しんだ。なんといっても彼女は、ほかでもないフランスの桑栽培と養蚕を大いに奨励したアンリ4世とマリー・ド・メディシスの娘だった。1609年にルーブル宮殿で生まれた彼女は、たとえ父親が暗殺されたときにたった1歳だったにしても、テュイルリーに植えられていた父の桑のことをよく知っていたにちがいない。

チャールズ1世が斬首され、オリバー・クロムウェルの一時的な議会制が終わると、1660年に王位に復帰したチャールズ2世が、イングランドの養蚕を振興しようとした。この頃にはセント・ジェームズ・パークのマルベリー・ガーデンはもう蚕の飼育に使われておらず、ロンドン社会の特定の階層に人気のある、かならずしもこのうえなく健全とはいえないプレジャー・ガーデン（遊園）

になっていた。オリバー・クロムウェルは、上流階級に人気の戸外の社交場だった（ヴォクソールにある）金持ち向けのスプリング・ガーデンを閉鎖した。17世紀の日記作者ジョン・イーヴリンによる、クロムウェルの支配下にあった君主不在期間中の1654年5月10日の辛辣な記述に、「レディー・ジェラードがマルベリー・ガーデンで私たちにごちそうしてくださった。裏切られることの多い上流の人間にとって、今ではさわやかな気分になれる街で唯一の場所だ[44]」とある。

14年後に、フランスに亡命していたチャールズ2世が帰国した頃、イーヴリンと同時代のサミュエル・ピープスが、マルベリー・ガーデンへ幾度も行って食事を楽しんだと書いている。しかし、彼はこの庭園、というか庭園に集まる人々のことをよく思っていなかった。1668年5月20日に初めてそこへ行った彼は、「つまらぬところで、スプリング遊園よりもはるかに劣る。集まっている人間も少ないし、それも悪党や娼婦といった連中ばかりだ。木立ちはきれいだが、荒れはてている[45]」［『サミュエル・ピープスの日記 第九巻 1668年』岡照雄・海保眞夫訳／国文社］と思った。しかし、それは何も新しいことではなかった。1649年に、政治家で法律家のクレメント・ウォーカーがすでに「セント・ジェームズのマルベリー・ガーデンに新たに建てられたソドムとスピントリー〔売春宿と放蕩の場所[46]〕」と書いている。

17世紀後半のイングランドでは、養蚕は、利益を生む産業ではないにしても、まだ学問的興味の対象だった。1669年2月18日にジョン・イーヴリンは、（その設立に尽力した）王立協会での、イタリアの解剖学者で医師の「シニョール・マルピーギ」による「蚕の比類なき記録」と題する発表について書いている。[47] しかし、1687年の『農業の体系 *Systema Agriculturae*』でジョン・ワーリッ

チェルシーのロー・シルク社の農園跡地にあるブラックマルベリー、ロンドン、1720年頃。現在は個人の庭園内。

ジは、養蚕はイングランドでは絶望的で、それは産業規模の絹生産に要求される需要を満たせるだけの桑の木を誰も植えようとしなかったからだと結論づけている。そして、ストッキングや手袋を少し作れるだけの絹を作る貴族の趣味の域を出ないだろうと、彼は書いている。[48]

　１６８５年にナントの勅令が廃止されたのちにユグノー教徒の織工たちが流入してきたことで、イングランドの養蚕に最後のあがきとなる試みが始まった。１７２０年、ロー・シルク社が、ヘンリー８世の不運な大法官、トマス・モアがかつて所有していたチェルシーの広大な土地に、ブラックマルベリーとホワイトマルベリーの木を２０００本植えた。この事業のため初期の形の証券取引所を通して投資家を集めたが、１７２３年にこの会社は倒産してしまった。土地と蚕室《さんしつ》と木は売却された。大部分は根こそぎにされ、土地はその後２００年にわたって住宅用に開発された。

しかし、少なくとも1本、古いブラックマルベリーが当時から生き残っていて、エルム・パーク・ロードのアパートの裏にある芝生の真ん中に立っており、フルハム・ロードから見える。

15世紀の初めにヨーロッパにホワイトマルベリーがやってきたことで、結局、ブラックマルベリーの大規模な移動は終わった。今、再び植えられているのは、果実、日陰、景観樹としての自然な気品が理由で植えられているにすぎない。ヴィクトル・ヘーンは次のように述べている。

ペルシアのカスピ海沿岸地方、ヨーロッパのイタリアとフランスといった西洋の絹生産国を見ると、今では、この産業が栄えている地方は、切り詰められ葉を奪い取られたホワイトマルベリーの木ですっかりおおわれている。今でもまだ昔ながらの桑の木で比較的粗い種類の絹を作る蚕を育てているところは、辺ぴな立ち遅れた地域にちらほらあるだけだ。[49]

第4章 マルベリー熱

桑の木の栽培はつねに、およそ4700年前に中国で始まった蚕繭《さんけん》の体系的な生産と糸繰《いとく》り（養蚕）の不可欠な要素だった。（絹糸を織って織物にするのではなく）養蚕が実施されてきたところはどこでも、古代中国とインド北部から世界のほとんどあらゆる大陸へ広がる長くゆっくりとした旅の間、国家が――それがどんな形態をとっていようと――例外なく重要な役割を果たした。国家は普通、事業の実施者としてではなく、世話役、調整役、あるいは独裁的な立法者として働いた。国家はしばしば絹の売上から税金を取り立て、桑の木の所有に対しても課税した。ときには木を植え付けたら報酬を与え、そうしなければ罰金を科した。

中国の桑栽培の技術の詳細な説明が、前漢の時代（紀元前202〜後8年）の『氾勝之書《はんしょうししょ》』に書かれている。[1] それには桑の種子をキビと一緒にまくよう書かれ、一種の萌芽更新が行われていたことがわかる。「黍《きび》が熟したら、実を収穫しなさい。桑も黍と同様の高さになっているだろうから、地面近くのところを鎌で刈りなさい。……翌春、芽を出し」『氾勝之書』岡島秀夫・志田容子訳／農山漁村文化協会」とあり、このようにした桑の木は背が低いため葉を摘むのに便利で管理がしやすい。[2] ずっとのちの文書である『斉民要術《せいみんようじゅつ》』（533～544年頃成立）の桑の栽培に関する章によると、よく似た手法がまだ使われていて、まず苗床で桑の苗を育て、それから豆などほかの作物の間に植えていた。

もうひとつの初期の農業技術（「井田制《せいでんせい》」と呼ばれる）では、大面積の土地を9等分し、中央の四角な区画に地主が住み、周囲の8つの四角な土地を小作人がそれぞれ耕す（それで生活する）。中央の四角は、すべての小作農が共同で耕した。この区画の生産物だけが、税の形で貴族と支配者に与えられる。この制度では小作農の家族が生産単位で、紀元前800年より前の「男が耕し女が織る」田舎の経済に欠かせない要素となっていた。よく栽培される作物のひとつに、養蚕のための桑があった。[3]

今日でもまだ中国の地方で用いられているもうひとつの古代の技術が「桑基魚塘《そうきぎょとう》システム」で、とくに広東省の珠江《しゅこう》デルタ（香港に隣接する本土）に見られる。このシステムでは、養魚池を囲む堤防に桑の木が植えられる。そして、蚕の糞と桑の葉のくずが池の魚の餌に使われ、池の沈泥《ちんでい》が桑の木の肥料として使われる。これは今日「総合的農業経営」と呼ばれるものの古代の例で、今でもまだ、上海から揚子江デルタを内陸に約80キロ入った太湖《たいこ》のほとりにある湖州《こしゅう》市《し》周辺で、大規模に実施されている。[4]

紀元前第1千年紀の間に中国人は徐々に南へ移動したが、その間、黄河の壊滅的な氾濫によって繰り返し農地と村がまるごと洗い流された。黄土高原から流れてくる厖大な量の沈泥が堆積して川

中国の桑基魚塘システム

の流れまで変えた（過去3000年で26回以上）[5]。後漢の時代（25～220年）には中国の養蚕はすでに揚子江流域の平野のほうへ移っていて、ホワイトマルベリーの在来種（とくにマグワ *M. alba* とヤマグワ *M. bombycis*）を栽培していた。中国南部の比較的暖かい気候も養蚕に適していて、桑の葉を1年に2回以上収穫できた。

国の刺激策がより強制的な戦術に変わった。たとえば中国北部が草原の民であるトルコ系の拓跋《たくばつ》氏《し》に支配されていた北魏《ほくぎ》の時代（386～534年）には、そこの農民は政府から提供された農地2ヘクタールごとに50本の桑の木を植えるよう求められた[6]。唐の時代にはこれが減らされて、各農場に2本だけになった。宋代（960～1127年）には、官吏が植えた桑の数が、その人物を昇進させるかどうかを決めるのに用いられる規準のひとつになった。官吏の仕事には誰もがつきたがったが、それは非常に難しかった。こうした懲罰的な戦術は元朝（1271

湖州の大運河のほとりの桑園、中国、1853～56年頃、ロバート・フォーチュンの『中国人と暮らして *A Residence Among the Chinese*』（1857年）より。

～1368年）になると変化し、農民に養蚕と桑の栽培に関する支援と助言が与えられた。

明代（1368～1644年）には古い懲罰的なやり方が復活し、農民は3年で600本の木を植えるよう求められた。それでも、この時代と清代（1644～1911年）の間に、養蚕のための桑の栽培は前例のないほど盛んになった。スコットランドの植物学者で植物収集家のロバート・フォーチュンは、1850年代に湖州周辺の地域を旅して、大規模に桑が植えられているのを見たと報告している。[7] この旅に関するフォーチュンの本に添えられているイラストによれば、これらの桑畑は多くの場合、運河や湖のそばにあって、成長しきった背の高い木と、もっと収穫しやすい、刈りこまれた低木の両方があった。前漢の時代の『氾勝之書』はおよそ2000年前にすでに桑の木を低く保つことの利点に言及している。

◉ヨーロッパ最初のホワイトマルベリー？

養蚕のためのホワイトマルベリーの栽培がいつどのようにして中東および東地中海地域に導入されたかについて結論づけるような文書情報はほとんどない。有名な『東方見聞録』でマルコ・ポーロは、中東と中央アジアを経由して大都《だいと》（現在の北京）へ行くまでの旅では、桑の木についても何も述べていない。1271年に17歳で父親と叔父とともにヴェネツィアを出発したマルコは、24年後の1295年にようやく帰国する。（バグダッドとペルシアで）絹を織っているのを見たと記録しているが、そこにあったはずなのに、ホワイトだろうがブラックだろうが桑の木については報告していない。桑と絹についてくわしい記述が初めて見られるのは、モンゴルの偉大な皇帝フビライ・ハーンのために大都から再び東へ向かう旅に出てからである。

彼は太原府《たいげんふ》（現在の山西省）では「桑の木も非常にたくさん栽培されていて、蚕を飼育し、大量の絹を生産している」[8]『マルコ・ポーロ東方見聞録』青木一夫訳／校倉書房」と書いている。そして河中府《かちゅうふ》（蒲州《ほしゅう》。現在は山西省）周辺の地域には、山々と肥沃な平野があって「桑の木を一面に栽培している」[9]という。それは在来のマグワ（*M. alba*）だったのだろうが、ポーロにはイタリアで見たかもしれない桑との違いはわからなかっただろう。結局のところ彼は若い商人にすぎず、異国の植物を調査する植物学者ではなかったのだから。ポーロの『東方見聞録』は、イタリアに帰って刑務所の監房で一緒だった作家ルスティケロ・ダ・ピサによって書き留められ脚色されたが、桑の木を見たという記述は脚色の対象にはなりそうにない。

最初の桑の苗木をもつフランチェスコ・ブオンヴィチーノ、ペーシャ、イタリア。

このように、養蚕は中央アジアからまず東地中海周辺の国々へもたらされ、最初は自生しているブラックマルベリーを用いていたと思われる。ブラックマルベリーのホワイトマルベリーへの置き換えは最初はきっとゆっくりと進み、ホワイトマルベリーの単一栽培がブラックマルベリーの自生地の東限近くでも行われるようになったはずだ。フェルガナ盆地と、現在のウズベキスタンにあるサマルカンドのようなシルクロードの主要な交易拠点の周辺である。ウズベキスタンの伝統的な養蚕は2000年以上の歴史があるといわれている。[10]

ヨーロッパにおけるホワイトマルベリーの栽培の試みに関する最初の記録はイタリアのペーシャにある。ここはトスカーナ州ルッカの約15キロ東で、1434年にフランチェスコ・ブオンヴィチーノが東洋の旅からいくつか植物を持ち帰った。[11] ブオンヴィチーノのホワイトマルベリーがやってきたのは、シチリアがブラックマルベリーの葉を使って独自の絹糸を生産し始めてから200年ほどのちのことである。13世紀のイタリアで養蚕が広まり、通常ならビザンティンと中国の産地から供給される絹の不足に対応した。そしてちょうどその頃、ヨーロッパ人は、十字軍が聖地とコンスタンティノープルから持ち帰ったすばらしい虹色に輝くものを、ますます欲しがるようになっていた。

タイミングは完璧だった。歴史家のレベッカ・ウッドワード・ウェンデルケンは、「スペイン国内での製織《せいしょく》が増え、ビザンティンの供給元の減少と品質の低下、中東における十字軍による混乱に、モンゴルの侵入による中国との交易の減少が相まって、ヨーロッパの絹織物業者は、輸入原料の供給不足に陥った」[12]と書いている。13世紀にモンゴル軍が侵入すると、栽培に不可欠な灌漑施設が破壊されて桑は枯れ、中央アジアと黒海周辺の養蚕は大混乱に陥った。

ブオンヴィチーノのホワイトマルベリーがイタリアに植えられた最初の1本だったとしても、最終的には、中国で何千年もの間そうだったように、西洋の養蚕でもホワイトマルベリーが好んで使われるようになる。15世紀の終わり頃、ミラノ公ルドヴィーコ・スフォルツァがロンバルディアにホワイトマルベリーを大規模に植えるよう求め、「イル・モーロ」(桑のラテン語にちなむが、「ムーア人」あるいは「黒い顔の人」という意味もある)と呼ばれるようになった。1443年頃から養蚕がフランスへ広まると、一緒に「新しい」ホワイトマルベリー(*Morus alba*)も広まった。しかしブラックマルベリー——ローマ人による占領以来、定着していた——も残され、やがては非常用や、場合によっては蚕が繭を紡ぐ前の最後の週ぐらいに絹糸を「より丈夫で重く」するのに使われるだけになった。[13]

イル・モーロの計画は、少なくとも長い目で見れば、根を下ろしたようである。1840年には、ロンバルディア州の絹生産の中心地であるコモ周辺の農地の90パーセント以上にホワイトマルベリーが植えられていた。1853年にイギリスの小説家ウィルキー・コリンズは、ロンバルディア州の北東の端にあるマッジョーレ湖のほとりに生えている桑の木——おそらくイル・モーロの木の子孫——を見たときのことを次のように書いている。「我々のはるか後方に雪を抱いた山々がそびえ、片側のゆるやかな傾斜の丘にブドウと桑の木が植えられ、その周囲に点々と美しいコテージとカントリー・ハウスがあった[14]」。

◉新しい農業の流行

15世紀後半から、イタリアの貴族の間で、所有地に桑の木を植えて蚕を飼うことが流行した。たとえば1465年から1478年の間にゴンザーガ家のルドヴィーコとフェデリーコのふたりのマントヴァ侯は、サヴィオラの地所に植えるためにトスカーナから桑の若木を何百本も購入した。同じ頃、ピエモンテ州のいたるところで地主たちが桑を植えていた[15]。

商人もこの熱狂のとりこになり、たとえばネッロ・ディ・フランチェスコは、1481年にシエナに桑を1万本植えた。地方政府の刺激策も実施された。1327年以降、モデナの地主たちは桑を少なくとも3本植えるよう求められていた。フィレンツェ当局は1441年に同じような布告を出して、小作農に毎年3～50本の桑を植えるよう要求した。イタリア中部から北部にかけての桑の二大栽培地域は、まずトスカーナ地方のルッカとエミリア地方のボローニャの周辺、次がポー平原で、のちにロマーニャ地方とマルケ地方が加わった。桑を育てるほうが、兵士に盗まれたり狼に食

養蚕のための桑の葉を集めているところ、イタリア。

桑の葉の収穫、イタリア、18世紀。

べられたりするかもしれない羊を飼うよりずっと容易で確実だと思う小作農もいた。蚕が6月に孵化すれば、夏作物の収穫を待っている間も養蚕は収入をもたらした。

一時は、ヴェネツィア当局はほかの国と競争になるのを警戒して、桑の苗木の輸出を許可しなかった。しかしそれでは、夜、泥棒たちが——捕まれば罰として目を失うかむちで打たれ、町を引きまわされて焼き印を押されるにもかかわらず——持ち去るのを止めることはできなかった。16世紀には、ヴィチェンツァ地方全体が、ほかのどの植物より桑の木がたくさんあるように見えた。ヴィチェンツァの1504年の生糸の推定年間生産量は約36トンだったが、100年のちには倍増して72トンを上まわった。

取り引きは活況を呈し、16世紀の中頃には、フランスの総輸入量の30パーセント、北海沿岸低地帯の輸入量の約20パーセントをイタリアの絹が占めた。この頃には、イタリア全土でホワイトマルベリーが養蚕のための葉の主たる供給源として定着していた。ブラックマルベリーの木は、果物の供給源、そして予備として生き残った。それに、チェーンソーがない時代には、岩のように堅い桑の木をたたき切るのはきっと大変な仕事だったろうから、そのままにして果実や日陰の恩恵を受けようということになったのだろう。

◉アルプスを越えてフランスへ

フランスで最初にホワイトマルベリーを植えたとされているのは、ギー＝パプ・ド・サントーバンという家柄のよい軍人である。サントーバンは、1494年に24歳のシャルル8世のナポリ征服に同行し、若い王にうながされてホワイトマルベリーの木（おそらく切り枝）を何本か持ち帰り、アランにある自分の地所に植えた。アランは、モンテリマールの数キロ南にある中世の城のまわりに築かれた要塞の村である。[16]

この記述を裏付ける証拠があるが、桑の種類については混乱が見られる。300年のちの1802年、ラ・トゥール＝デュ＝パン・ド・ラ・ショーの当主が、とても大きな「古くて立派な」ブラックマルベリーの周囲に塀を建ててその葉を摘むことを禁じた、と記録されている。[17] それは1810年にはまだ立っていたようで、地理学者で旅行家のバルテルミー・フォジャ・ド・サン＝フォンがベグードという農場で特別に古い桑の木を見たと報告して、その「くぼみのたくさんある幹が3本の大きな枝に分かれ、あまり生産力はないが、それでも毎年春には芽と葉と果実におおわれる[18]」と書いている。今日、ベグードの村には「アンパース・デュ・ミュリエ」（桑の木の袋小路）があり、この地区にはまだ古い桑の木が何本も立っているが、この木ほど古いものはない。

シャルル8世があちこちの地方に桑を配布し、リヨンとトゥールの絹生産に奨励金を出したにもかかわらず、桑栽培はまだ定着しなかった。もともと保守的なフランスの農家は外国の木と新しい産業に懐疑的で、フランスの養蚕の歴史に関する19世紀の記述には「桑によって富を築いたイタリアの例があるにもかかわらず、フランスではこの木は最初、そっけない扱いを受けた。抜きんでて有用かつ新しいものによくあることではないか[19]」とある。

フォジャ・ド・サン＝フォンが19世紀に書いているように、彼にとっては、1世紀前にアランにフランスで最初のホワイトマルベリーを植えたサントーバンはフランスの養蚕の隠れた英雄だった。

彼の推定によれば、フランスの絹産業は（書いている当時）生糸で1億リーヴル以上、産業用の絹で4億リーヴルの価値があり、彼はそれをおもにサントーバンのおかげだと考え、次のように書いている。「このことから、農業の味方であるひとりの男が国にどれほどの価値をもたらしたかがわかるだろう。それを誰にも涙を流させることなくうまくやってのけ、そしてこの男はほとんど知られていないのだ」[20]。

シャルルのあとを継いだルイ12世の治世に養蚕は衰退し、フランスは再びスペインとイタリアから絹と絹糸を輸入し始めた。フランソワ1世（1494～1547年）はフランスの絹をもう一度復活させようとして、1536年にイタリアのピエモンテ州ケラスコから織機を取り寄せ、エティエンヌ・トゥルケとポール・ナリスというふたりのすぐれた織工を連れてきた。1540年に王はリヨンに輸入生糸の独占権を与え、若い女性たちに絹を織る技術を教える学校を設立している。

リヨンはダマスク織とベルベットで知られる織物業の世界的中心地となったが、16世紀初めにはこの産業はまだ輸入された生糸に依存していた。アンリ2世（フランソワ1世の息子）が統治した1547年から亡くなる1559年までの間に、何百もの小規模な養蚕農家が自分で桑の木を育てる、純粋にフランスの養蚕業が徐々に成長した。絹の生産に適用される最初の法令を公布したのはアンリ2世で、1554年のことだった。事業が非常にうまくいっていたので、1548年に彼が妻のカトリーヌ・ド・メディシスとともにリヨンに入ったときのパレードには、金糸で縁取られたグレーと黒のベルベットを着た絹の染色業者が446人参加した。

「フランスの養蚕の父」と呼ばれるオリヴィエ・ド・セール（プラデルの領主）、ジャン＝フランソワ・ミレーによる網目紙へのリトグラフ、1858年。オリヴィエの息子ダニエル・ド・セールによる原画に基づく。セールは養蚕に関するもっとも信頼のおける論文を書き、フランスに桑の木を何千本も植えるというアンリ4世の計画の実施を監督した。

●完璧なチーム

フランスの絹産業のために桑の木の栽培がとりわけ盛んに奨励されたのは、ナバルのアンリ4世の治世（1589～1610年）だった。アンリはユグノー派のプロテスタントとして育てられたため、絹織物生産には馴染みがあった。彼はのちに、フランスの果てしない宗教的騒乱を終わらせるため、カトリックに改宗した。騒乱が最高潮に達したのは、20年ほど前（1572年）の聖バーソロミューの日で、1万人以上のユグノー教徒が虐殺され、ルーブル宮の外で殺されたユグノー教徒の死体をまたぐカトリーヌ・ド・メディシスが絵に描かれている。

アンリ4世は、親しい友人のオリヴィエ・ド・セールの注意深い監督のもとで、養蚕を国を代表する産業に変えた。アルデシュ地方で生まれたセールは、有名な著書『農業の劇場 *Le théâtre de l'ag-*

riculture』（1605年）で、温室で果物を育てることを勧めている。この本には、養蚕と桑の栽培に関する章も設けられている。

1598年にアンリ4世はナントの勅令を発布し、プロテスタントに、迫害されずに自分の宗教を信仰する自由を与えた。この勅命は、ユグノー教徒が逃げ込んでいた――そしてカトリックを支持する暴力的なドラゴナード（プロテスタントが住む地区に宿を割り当てられて、家主を怖がらせるようにしむけられた竜騎兵）が陣取っていた――山がちなセヴェンヌ地方に平和をもたらし、おかげで段々畑でのホワイトマルベリーの栽培と蚕繭《さんけん》の収穫が妨げられることなく盛んになった。

1599年、さらに大規模に養蚕を奨励する取り組みとして、アンリはすべての地主に自宅のまわりにホワイトマルベリーを植えるよう求めた。「ホワイトマルベリーなくして製造業なし」というのが合言葉だった。この計画を進めるため、1601年に王は、トゥール、パリ、リヨン、オルレアン周辺の教区の農家に、桑の苗木40万本、桑の種子500ポンド（約230キロ）、蚕の卵125オンス（約3・5キロ）、桑の植付けと栽培、蚕の飼育、繭の糸繰りについて印刷した説明書8000冊を支給することを約束する契約書を作成させた。これをみな農家に無償で与えることになっていたのだ。

アンリはこれに続いて翌年、とくにカトリックの聖職者を狙った勅令を出し、国の各教区に、彼が与えた種子と木と蚕の卵を使って、桑を育てるための種苗場と養蚕所を開設するよう求めた。王はまた、桑の木――「ホワイトであろうがブラックであろうが」――を所有している者に、その葉を「絹を目的に蚕を育てる」のに使うため、地方の役人によって任命される「専門家」の手にゆだねるよう要求した。[21] これはある程度は宣伝で、「温暖で土壌がよければ、遠いところで大金をかけて順応させたものと同じかそれ以上の強さ、輝き、品質をもつ絹を十分生産することができる」[22] ということを証明するためだった。気乗りのしない農家たち、とくにロワール川より北の農家が、フランスの気候は桑の木を育てるのに適していないと文句をいっていたのである。

1596年、意欲的な種苗業者のフランソワ・トローカがすでに、アルルとアヴィニョンにある絹織物産業のさまざまな中心地からそう遠くない、セヴェンヌ地方の端にあるニームというもとローマ都市で、国産のホワイトマルベリーの木を育てる種苗場を始めていた。オリヴィエ・ド・セールに勧められ、最初はイタリアのロンバルディアから輸入した苗木を使って、伝えられるところによると、トローカはプロヴァンス、ラングドック、セヴェンヌに供給する桑の苗木を400万本以上育てることができたという。ただし、この数字は誇張のようだ。

しかしこの取り組みはうまくいったらしく、やはりフランス人の養蚕の専門家であるジョン・ボノウィユが、1622年に次のように書いている（北アメリカのヴァージニアの消極的な農家を対象として書いたもの）。

ラングドック地方、プロヴァンス、セヴェンヌ、アヴィニョン地方、そしてイタリアのいくつかの場所で見たことがあるが、町の外に住む貧しい人々は、床が土の家をひとつもっているだけで、なかには一部屋しかなく、一方の端に寝床があり、反対側で食事の支度をし、そこで蚕を飼うことはできない。だがその季節になったら、もっている葉の量に応じて、くだんの小屋

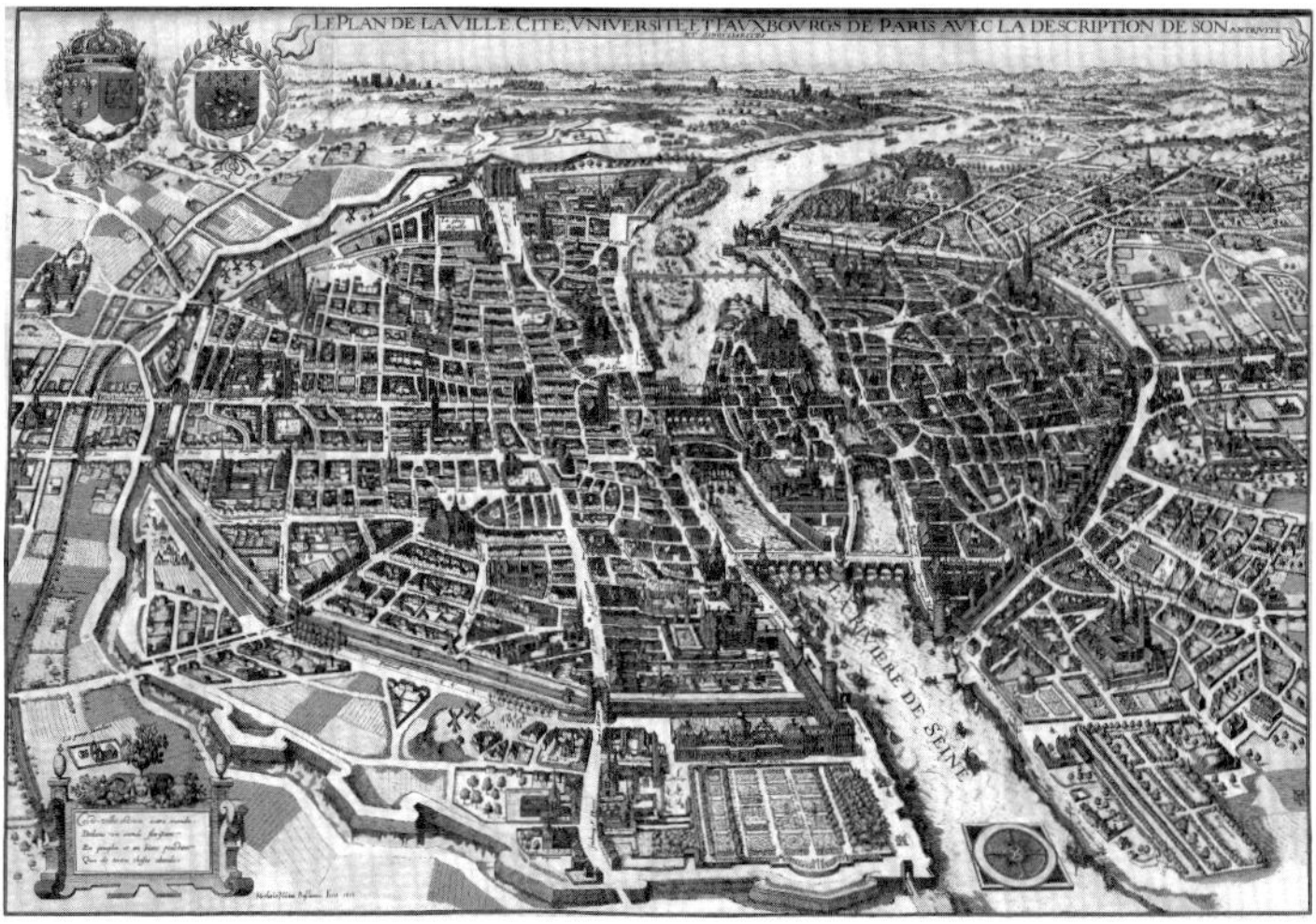

マテウス・メーリアンの1615年のパリの地図、ルーブルのテュイルリー庭園（下側中央）が示されている。庭園の左（すなわち北）側にある2列の木が、おそらくオリヴィエ・ド・セールがアンリ4世のために植えたホワイトマルベリー。

の隅を準備してその目的にあてる。そして多くの場合、桑の大木1本の葉に年に6〜8シリング払う。そうすれば、ほかの人間と大きな部屋で飼うより蚕は何倍もよく育つ。貧しい人たちがもっているような少量の蚕を飼う場合は、という意味だが。[23]

桑の木はラングドックでは今でもまだローブル・ドール（黄金の木）と呼ばれていて、それはおもに養蚕を通してこの地方の繁栄に大きく貢献したからである。[24]

◉パリの中心部にある桑

1601年にアンリがトゥールからパリへ宮廷を戻したとき、手本を示すため、セールはルーブル宮に隣接するテュイルリー庭園の「さまざまな場所」にホワイトマルベリーの木を1万5000〜2万本植えた。庭園の北側にそって植えられた2列の木もそのひとつである（現在のリヴォリ通り）。彼は敷地内にかなり本格的な養蚕所も建てた。3年後、木は十分に高くなり、宮殿に訪れた人々は日陰になった歩道を歩くことができた。王は、食後の散歩で木々をうっとりと眺め、ときには養蚕所を訪れて、働く人たちに話しかけることもあった。若い桑の木からさらに穂木が採られ、パリ周辺にもう数千本、桑の木が植えられた。[25]

1610年、それまで12回も暗殺未遂がありながら助かってきたアンリ4世が、狂信的なカトリック信者に暗殺された。息子で9歳の後継者ルイ13世は、父親が残した養蚕という遺産を無視したが、皮肉なことに、彼と摂政を務める母親（マリー・ド・メディシス）は最高級の絹を着てパレードするのがとりわけ好きで、そのほとんどがフランスの織機で織られたものだった。ルイ13世はヴェルサイユ周辺の森で狩りをすることのほうにずっと興味があり、そこに狩猟小屋――のちにヴェルサイユ宮殿になる――を建てた。父親のテュイルリーの養蚕所は使われなくなり、まもなく桑は姿を消した。フランス全土で桑と養蚕は再びなおざりにされ、しだいに盛んになっていたフランスの絹織物産業は再び生糸の大半を輸入しなければならなくなった。

アンリ4世が亡くなる前に、セールは近くにある「マドリードとヴァンセンヌの森」の王室の邸宅で「30万本の桑を十分受け入れることができる」と考えていた。[26]マドリード城はヌイイ（パリの西にあるブローニュの森のすぐ近く）にあったのに対し、ヴァンセンヌ城はパリから東へ同じくらい離れた郊外にあった（今でもある）。マドリードとヴァンセンヌが桑園を受け入れたのかどうかは不明だが、その可能性はある。

アンリの息子のルイ13世はマドリード城を使い続けたが、その息子のルイ14世が王位に就き（1643年）、その後、自分でヴェルサイユに宮殿を建てると、マドリード城を使うのをやめた。1656年にルイは、ジャン・アンドルにフランスで最初の絹の靴下工場を開くためにマドリード城を使うことを許可する特許状を与えている。この工場は1660年代までの短期間、独占を維持したが、王の特許状があってもリヨン、ニーム、そのほかの絹産業の中心地との厳しい競争にさらされるようになった。工場が開設されたのは、桑園から地元の絹が容易に供給できたからなのだろうか？

1836年の記録に、ヌイイ（マドリード城があったところ）におよそ1万本のホワイトマルベリーが植わっているとあり、そのうち約3000本は *Morus alba* var. *multicaulis*（ログワ）という変種で、これは世界の絹産業にとって非常に重要なものになる。この変種は1821年までフランスで知られていなかったから、これから見ていくように、おそらく19世紀に新たに植えられたものだろうが、既存の17世紀の畑を再利用した可能性もある。

ヴァンセンヌについてはあまり知られていないが、この場所が19世紀に養蚕に使われたのは確かだ。1829年にムッシュー・コンベとかいう人物がヴァンセンヌの近くの土地に4万本の桑を所有していたという記録がある。[27] この町と近くのサン＝モールには、今でも名前にミュリエ（桑）を含むいくつもの地区と大きな学校がひとつある。しかし、現在ではヌイイ（マドリード）とヴァンセンヌの絹産業はどちらも、その桑園とともに郊外の造成地の下に埋められ、忘れ去られて久しい。

◉大西洋を渡った桑

17世紀の間、そして18世紀初めにかけて、英仏海峡の両側で国家が支援する養蚕が続いた。しかし、ジェームズ1世の養蚕計画が本国でもたついている頃、大西洋の向こうの、現在のカナダ国境から東海岸にそってフロリダまで広がる、ヴァージニアの新しい植民地にチャンスがあると、王は考えていた。植民地になって最初の数年、ヴァージニア会社は新しい作物であるタバコの事業で成功していた。タバコは、アメリカ先住民の首長の娘ポカホンタスの夫であるジョン・ロルフが南アメリカの種子を植えたことから栽培が始まった。

「タバコの摂取という悪い習慣」に激しく反対し、1604年にこの嗜癖《しへき》に反対するパンフレットを出版した[28]ジェームズ1世は、植民地の農民にこの作物をやめさせて、代わりに桑を植えることを奨励しようとした。それを指揮したのがほかでもないジョン・ボノウィユ（ボンネル）で、彼は妻のフランシスとともに、ウィリアム・ストーレンジの後任としてオートランズの王立庭園とブドウと蚕の管理者になっていた。ストーレンジと同じようにボノウィユも蚕と桑に関する論文を書き、やはりルテリエの1603年の図版を使った。ボノウィユのパンフレットへの序文でジェームズ1世は、「冒険家と入植者」に「可能なかぎりの勤勉さで蚕を飼育し絹工場を建て、旅をして、ずいぶんと無駄な支出であるうえに多くの疾患と不便をもたらすタバコではなく、この豊かで堅実な商品のことを知る」よう求めている。[29]

ボノウィユは、ヴァージニアに「もともと豊富に」生えている在来のレッドマルベリー（*Morus*

rubra）の存在にとくに強い印象を受けた。桑の木を導入する必要があったフランスやイングランドなどほかの場所に比べて、蚕を導入するにあたりこれはよい兆候だと思ったのだ。彼はのちに、桑のある森に養蚕所を建てて、もともとあった松の木を切り倒すことについて書いており、のちに導入されるホワイトマルベリーではなく、最初は固有のレッドマルベリーを使って絹を生産してはどうかと述べた。予備調査に来たフランス人のブドウ栽培の専門家が、これらのレッドマルベリーは「これまでどの国で見たものより背が高く幅が広い」[30]と書いている。

養蚕にレッドマルベリーを使おうとして失敗したヴァージニア会社は、すぐにホワイトマルベリーに変更し、こんどは大規模に植えた。農民に養蚕を始めるようにうながすため、罰金と報奨金の制度が導入された。1623年には、ヴァージニアの農民は40ヘクタールごとに少なくとも10本の桑の木を植えなければ、10リーヴルの罰金を科せられるかもしれなかった。1657年には農民たちに、生産した200リーヴル相当の絹に対し1万ポンド（4356キロ）のタバコが提供された。[31]ロバート・マレー卿という入植者が、ホワイトマルベリーを1万本以上植え、種子からすぐに背の低い生垣か茂みを作る方法を見つけた。1725年にはペンシルヴェニアで養蚕が始まっていたし、1732年にはジョージアで試みられた。[32]

ジョージアの絹産業はなかなか軌道に乗らず、1738年に作られた良質の絹は1・8キロでしかなかった。急速に成長する蚕が必要とするだけの新鮮な桑の葉を供給できなかったからのようだ。その頃、何年も連続して春にひどい霜が降りたのだ。しかし18世紀の中頃にはサバンナ（ジョージア州）が、ピエモンテ出身のイタリア人で何千本も桑の木を植えたニコラス・アマリスから専門的

ジョージア植民地設立のためのジョージア受託人会（1734～50年）の印章の複製、片面に桑の葉と蚕、そして「ノン・シビ・セド・アリイス」（自分たちのためではなく他者のために）というモットーが書かれている。

な指導を受けて、絹生産の先進地になっていた。[33] １７５９年にはサバンナの絹の繰糸工場が国産の蚕繭《さんけん》を４５３６キロ受け取っている。サバンナの絹工場はイングランドに絹を輸出するまでになった。１７７６年、植物学者のウィリアム・バートラムは、そこで「ヨーロッパの桑」（*M. alba*）が生育している大きな果樹園を見たと記述している。[34] 蚕繭《さんけん》と桑の葉がサバンナの紋章に組み込まれるほどだった。[35]

南はカロライナ、北はコネティカットでも、18世紀中頃に養蚕が始まった。１７５５年、アンティグア島生まれで、サウスカロライナの有力な農園主であるイライザ・ルーカス・ピンクニーは、自分のところの絹を、プリンセス・オブ・ウェールズ未亡人に贈る３着のドレスを十分作れるほどの量、イングランドへ持っていくことができた。しかし１７７６年には、独立戦争がアメリカの養蚕に深刻な打撃を与えた。これに、ワタ（特別な技術をもたない奴隷を雇うことができる）やイネのようなそれほど労働集約的ではない作物の魅力が加わった。

●国家介入の限界

ヴァージニアで生まれようとしている絹産業をイギリスが支援していた頃、フランスではルイ14世（1643～1715年）の財務総監であるジャン＝バティスト・コルベールが（たんに絹を織ることではなく）養蚕を復活させつつあった。イタリア人の銀行家に育てられたやり手の財務家であるコルベールは、トゥールとリヨンのフランスの織物業者が生糸を輸入する費用のことを気にしていて、このためベリー、アングレーム、オルレアン、ポアトゥー、メーヌ、フランシュ＝コンテ、ブルゴーニュ、リヨン周辺など、いくつもの地方に王立の桑の種苗場を開設した。

木が無料で農民に――欲しがっていようといまいと――配布された。しかしこの計画は裏目に出る。木を頼んだわけでも金を払ったわけでもない農民たちにとって、木は厄介物以外の何物でもなく、枯れるにまかせた。コルベールは戦術を変え、王から与えられた桑の木が3年後にまだ立っていた者には少額の報酬（1本あたり24スー）を与えることにした。これはもっとうまくいき、桑はまもなくいくつもの地方、とくに南部のセヴェンヌ地方とラングドックで広まった。

少なくとも一時的には桑の問題を解決したコルベールは、絹の製造に注意を向けた。1652年、リヨン産の絹に対する課税を廃止する一方で、輸入品――隣接するヴネサン伯領からのものも含む――に関税をかけた。コルベールがボローニャから呼び寄せた、すぐれた糸繰り技術をもつイタリア人の紡績工《フィルール》、ピエール・ベネが、フランスの絹生産者が技術を磨くのを助けた。ベネは努力に対する報酬を十分に与えられ、経済面だけでなく、フランスの貴族として認められた。一方、故国イタリアでは同国人から裏切り者とみなされ、絞首刑になっている彼の人形が作られた。それでも彼は仕事を続けて、イゼール県ヴィリューに最初の絹工場を開き、それは今でもそこにある。

しかし、よいことはみないずれ終わる。理由についてはいまだに歴史家の意見が分かれているが、1685年10月22日にルイ14世が、祖父が出したナントの勅令を取り消したため、フランスのプロテスタントが迫害から守られなくなった。彼らに提示された選択肢は、カトリックへの改宗か国外追放だった。ただし国を離れることも禁止されていたため、彼らは苦境に陥った。とくにドラゴナードによる迫害を避けるために、約30万人が改宗した。しかしそれでもおよそ20万人がひそかに逃げ出し、同情的な国に住みついた。

アムステルダム当局は1万軒の家を建てて難民を収容し、その一方で4～5万人がイングランドに定住し、その約半分がロンドンのスピタルフィールズ地区に住んだ。以来、スピタルフィールズの人口統計は劇的に変化してきた――この地区は数世紀にわたって難民の波を喜んで受け入れてきた――が、ユグノー教徒の遺産は今でも通りの名前、建物（織工の家や工房だったところ）のほか、いくつもあるプロテスタントの教会（ひとつは今ではモスクに変わっていて、その前はシナゴーグだった）にはっきりと見ることができる。この絹織りの技術をもつ難民の流入は、1609年のジェームズ1世自身の養蚕の実験にとっては遅すぎたが、これから見ていくように、100年後のイギリスの絹生産に専門知識をもたらす働きをした。

多くのユグノー教徒の織工が強要されてカトリックに改宗しフランスにとどまったが、桑に関する著書のあるゴドフロワ・ダニエル・ロフマンは、ナントの勅令は「政治的誤り」[36]だったと述べている。ルイ14世の治世の終わり頃には、リヨンの織物工場で織られる絹糸にフランス産のものはごくわずかしかなかった。政府のある役人が1698年に、市に入ってきた6000俵の生糸のうち、1400俵がレヴァント地方（おもにペルシア）、1600俵がシチリア、1500俵がイタリアのシチリア以外の場所、300俵がスペイン産で、フランス産は1200俵しかなかったと書いている。まだ絹糸を生産している地方はラングドック、プロヴァンス、ドーフィネだけだった。[37]

1752年にリヨンの絹織物業者たちが、この地方には地元の養蚕を維持できるだけの桑の木がないと訴えた。彼らは総監に、市の中や周囲、さらには幹線道路ぞいや生垣に桑の木を植えるよう求めた。フランスの養蚕は悲惨な状態で、フランスの生糸はもう最高級品には使われず、リヨンの南西にある都市サンテティエンヌでおもに作られていたリボンや刺繍、縁飾り、タペストリー用に格下げされた。一方でイギリスはフランスの絹の輸入を禁止していたし、オランダは中国産の安価な生糸を使う工場を開設していた。そしてイタリアのピエモンテは、織られていない絹を領域外へ出すことを禁止していた。

この頃、プロイセンも機に乗じてフランス人労働者を手に入れ、自国の産業を興していた。プロイセンのフリードリヒ2世は、養蚕が経済的成功への道だと考えていた。1740年代に守備隊駐屯都市に桑の木を植えるよう命じている。桑を植える気のある者は誰でも土地を与えられ、1000本以上植えた者には、木が利益を生むまで補助金が与えられた。彼らは無料でイタリアの蚕の卵を手に入れることもできた。プロイセンの桑を使った国内産の絹の供給を振興する取り組みとして、1756年に外国の絹の輸入を禁止する布告が出された。再び国家が事業主かつ事業実施

ポラードにされたホワイトマルベリーが、今でもフランス南部の田舎の道路ぞいに並んでいる。

者となったのである。

1763年に、リヨンの王立農業協会の高名な会員のトーメという人物が、「ここで起こっている衰退から桑の木を救い、ふさわしい地位へ戻す」[38]と決意した。その目的で、養蚕のための桑の栽培に関する本を多数書き、そのなかにホワイトマルベリーの栽培に関する小論[39]もあった。これがフランスにおけるムロマニ（マルベリー熱）の第一波である。トーメの野心のひとつ——失敗に終わった——は、かつて中国で行われていたように野外の木の上で蚕を飼育できると証明することだった。

アヴィニョンの絹が1722～3年に伝染病の被害を受けたため、リヨンは取り引きの多くを取り戻すことができた。しかし70年後、進行中のフランス革命が、この短命な復活に終止符を打った。19世紀のリヨンのある歴史家が、次のように書いている。

〔1793年には〕伝染病より悪い災厄がこの都市を襲った。織機がすべて壊され、絹工場は焼かれるか閉鎖された。リヨンの製造業の果実であり、リヨンの豊かさの象徴になっていた、仰々しい建物を破壊するために、地位の低い労働者たちは工房から追い出された。[40]

活動に熱中していた――それで命を失うことになる――革命家のひとりが、ほかでもない、数年前に桑について非常に説得力のある文章を書いたばかりのラ・プラティエール子爵のロランだった。フランスのマルベリー熱は終わった。リヨン一帯で蚕を飼育する者はおらず、トーメが植えたまだ若い桑の木の大半が根こそぎ抜かれるか、ほったらかしにされた。

●すばらしいログワ

19世紀の初めに、アジア以外の養蚕が、新たに紹介された種類のホワイトマルベリーの導入で大いに勢いづいた。それは成長が速く、1年に2回、さらには3回新葉が出ることがあり、農家の収入を2倍か3倍にできる可能性があった。このホワイトマルベリーの新しい変種（*Morus alba* var. *multicaulis* ログワ）は、1821年にジョルジュ・ゲラール＝サミュエル・ペロテというフランスの植物学者により、フィリピンのマニラを流れるパシッグ川のほとりで耕作していた中国人の庭で発見された。[41] フィリピンは、中国の港から航海してくる船が定期的に通る交易路の途中にあった。

この木は古くから中国人に好まれてきたもので、世界中の養蚕に革命を起こすことになる。中国で魯桑《ルウサン》と呼ばれるこの桑――現在、江蘇省、陝西省、四川省、浙江省で広く栽培されている――は、普通のホワイトマルベリーよりたくさん葉をつけ、切り枝や、取り木で得た木から簡単に増殖できる。また、種子からでも短期間で育てることができる。最初にペロテが発見した変種の葉は、非常に大きく――幅30センチ、長さ38センチにもなる――椀状でしわが寄っており、条件がよければ同じ年に2回新葉が出る。ただし、西洋で広く増殖されたものは、しわのよっていない大きく平らな葉をつける。ログワは強い剪定によく反応する。それは背の低い低木として栽培できるということであり、つまり葉を収穫しやすい。ペロテによれば、そのため「子供でも、かなりの数の蚕にやる餌を集めることができる」という。おまけにログワは味のよい長くて黒い実をつける。

ロバート・フォーチュンが1850年に次のように述べている湖州の桑は、おそらくログワだったのだろう。

この地方で栽培されている桑の種類は、中国の南部やインドの絹の産地で栽培されているものとはまったく別のもののようだ。その葉はずっと大きく、もっと光沢があって、私が見たことのあるほかのどの桑より堅くて充実している。……この桑は種子からの繁殖は行われず、その桑園はすべて接ぎ木された木でできている。どの株も、地面から30～60センチのところで接ぎ木されていて、それより高いものはめったにない。木は1・5～1・8メートル間隔の列に植えられ、葉を集めるのに便利なように、1・8メートルから3メートルまでの高さにしかならないようにしてある。……木が十分大きくなったら、葉をつけた若枝を幹のすぐそばのところで刈り取って、若枝と葉を一緒に持ち帰り、庭でむしって蚕に与える準備をする。[42]

19世紀初めにログワが中国の外でも知られるようになると、大西洋の両側でちょっとした熱狂を引き起こした。フランスでは、ローヌ地方の長官であるマルネジア伯がリヨン周辺にホワイトマルベリーを植えなおし、周囲の田園地帯で養蚕所を再開した。1824年にはリヨンの織機が再び昼も夜も動いて「耳を楽しませてくれた」[43]。1699年にリヨンで稼働していた織機は4000台だったが、その数は急増して1824年には2万4000台になり、その3分の2は市の城壁の内側にあった。19世紀前半は、本章ですでにふれたように、パリ郊外のヴァンセンヌとヌイイに大規模な桑園が設立されたときでもある。

大西洋の向こうのニューイングランドでは、種苗業者のサミュエル・ホイットマーシュが、養蚕のために植えたらすぐに見返りがあると誇張して、1823年に突然高まったログワの穂木への需要をあおり立てた。需要はすぐに供給を上まわり、1835年に1本10セントだった価格が急上昇して1838年には1本1ドル近くになった。人々はさらにこの木を投機の対象にし、蚕の餌にするつもりもなく利益を得るために売買した。

一方、1000年以上におよぶ絹生産の長い歴史をもつレヴァント地方も、19世紀の養蚕ブームに沸いた。1840年頃にパレスティナとレバノンを訪れていたコーンウォールの聖書学者ジョン・キットは、絹のために桑が大規模な農園や山の狭い段々畑だけでなく家々の中庭や庭園でも小規模に育てられているのを見かけた。

大量の絹の生産を可能にする桑の木は、このドゥルーズ派の国全体にとって富の源泉である。この理由で、レバノンとケスロウンの山地のいたるところ、そしてその下の平野に、桑の木が大規模に栽培されている。そしてこの地方の主要産物である絹の価格がこの12年のうちに2倍になったため栽培が増えていて、場所によってはほかの木を抜いて植え、さらには同じような動機のないところから買ったほうが安い野菜や果物の生産をやめるところもある。[44]

おそらくログワを使った養蚕が、19世紀のギリシアでも栄えた。ギリシアは1000年前にビザンティン帝国の絹生産の一大中心地だったが、地元のブラックマルベリーを使っていた。エドワード・ジョイ・モリスはフィラデルフィアの木製回転木馬の製作者としてのほうがよく知られているが、1840年代にスパルタを旅したときに桑園を見たことを報告しており、[45] 1950年代にはアメリカの農学教授のアーノルド・クロフマルが、ギリシア北部マケドニア地方のバシリカ村の外でまだ生育していた11万2000本のポラードにしたホワイトマルベリーの木を見て、樹齢150年以上と推定した。そこで農家が養蚕を続けていたが、終わりはそう遠くないと彼は予想している。「現在のペースで消えていけば、10〜15年以内に作物としての桑の木はギリシア北部から消えるだろう。そしてぽつぽつと生き残った少数の木だけが立って、かつて何千本も生えていた場所のしるしになるのだ[46]」と書いている。

●微粒子病と見捨てられた桑

19世紀に西洋で起こった養蚕ブーム――アジアから輸出される絹をしのぐ勢いだった――は、長くは続かなかった。アメリカでまもなく、ログワについて主張されていたことは、農家が思わされていたのより実現が難しいことが明らかになった。パトリック・スカヒルは、コネティカットの有名な絹メーカーであるチェイニー・ブロス社について次のように書いている。

投資家は絹の「実験」に金を出すのをあっさりやめてしまった。桑園は消え、1840年には絹投機のバブルは完全にはじけていた。桑の木はピー・ブラッシュ（豆の支柱に使われる枝や小枝、通常は剪定枝）として売られるか、価値のない作物をどこにも押しつけることのできない農民によって燃やされた。[47]

ログワの価格は暴落し、ホイットマーシュが最初に設定した10セントを下まわった。農民はワタやタバコのようなもっと馴染みのある作物の栽培に戻った。

しかし、チェイニー・ブロス社はそうなるのを予想して、養蚕と生糸生産から生糸を織る事業に切り替えた。そのマンチェスター（コネティカット州）の絹工場は大いに成功して、独自の上水、下水、電気の設備や鉄道、学校、保養施設をもつチェイニー・ヴィレッジという町をまるごと生み出した。1923年の販売額は2300万ドル。会社は順調だった。しかし1929年にウォール

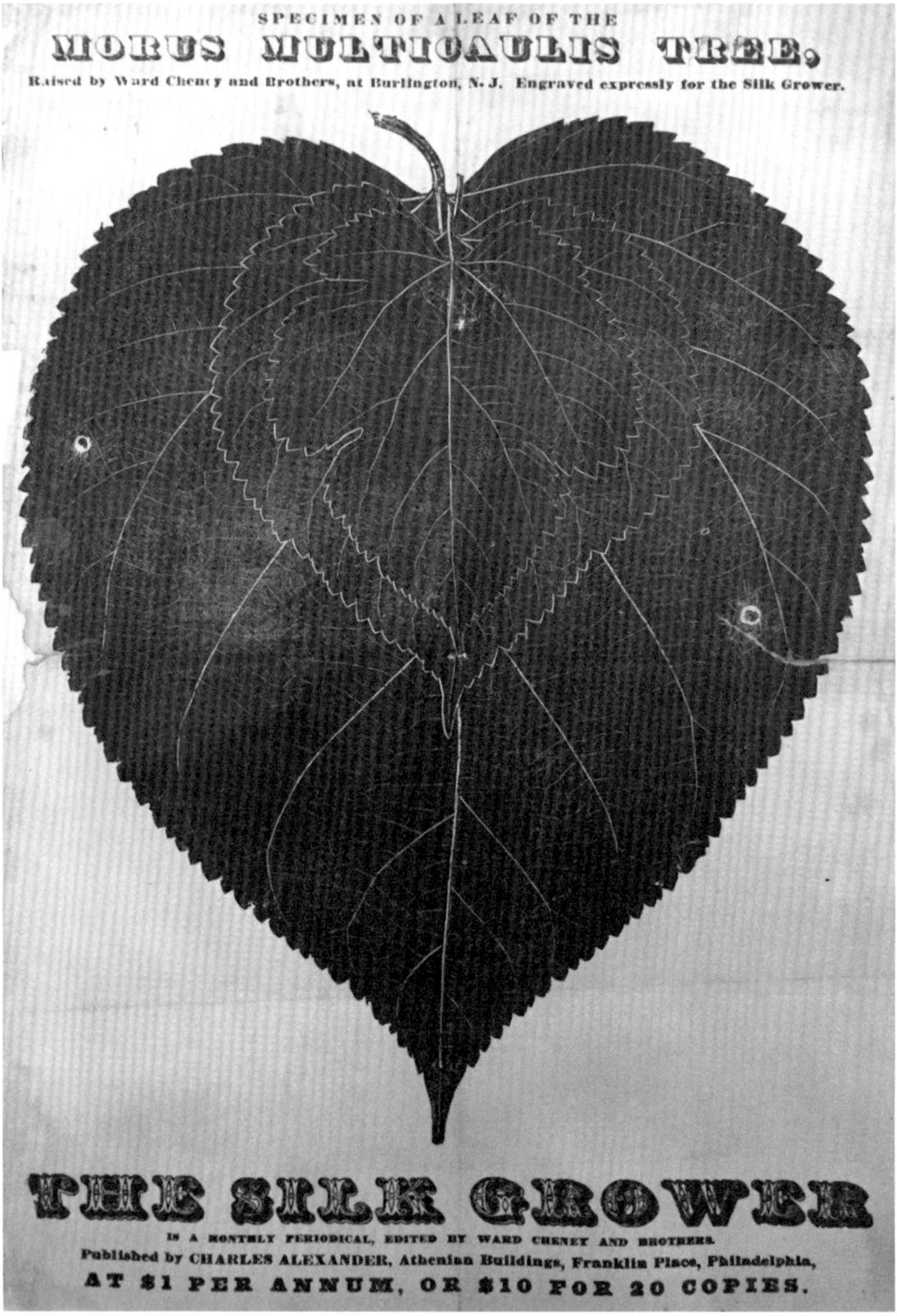

チェイニー・ブロス社が栽培したログワの巨大な葉を載せた養蚕農家向けの雑誌の広告、1870年頃。

街の株式市場で株価の大暴落が起こり、のちには新しい合成繊維の人気が高まったこともあって、会社はその資産を売却して多角化せざるをえなくなった。そして結局、１９７８年に解散した。[15] ブロックある村は、大邸宅や工場、労働者の住居とともに、国の博物館になった。

西洋における養蚕へのとどめの一撃は、１８４５年の微粒子病の発生とともにやってきた。これは蚕を侵す寄生性の病気で、病気になった蚕はまともな繭を紡がなくなって死んでしまう。フランスでもイタリアでも養蚕は家内産業であり、蚕は窮屈で不衛生な環境で飼育されていた。まもなくフランスの微生物学者ルイ・パストゥールが、微粒子病がさらに広がるのを防ぐ方法を見つけた。要するに、病気になった蚕のコロニーを処分し、養蚕所の衛生を改善するのである。しかし、そのときにはフランスとイタリアの養蚕はほとんど崩壊していた。[48] １８４０年にフランスは26万トンの絹を生産していたが、１８６５年には４０００トンまで激減していた。養う蚕がおらず、存在理由がほとんどなくなった何十万本もの桑の木は見捨てられてしまった。

イギリスにおける初期の産業革命は、ベンガル地方も含むイギリス領インド帝国で安価な労働力を入手できたことと相まって、フランスとイタリアの輸出をさらに弱体化させた。それはグローバリゼーションの最初の影響だったのかもしれない。まだイタリアの絹のほうが品質がよかったが、イングランド中部のダービーシャー州にあるロンバード兄弟の絹工場の新しい工業用織機が絹の生産に革命をもたらしただけでなく、ベンガル地方の桑園で生糸の供給を維持できた。１７８０年から１８３０年に、イギリスが輸入した生糸の半分以上がベンガル産だった。[49]

だが、ヨーロッパの養蚕の危機はすべての人に弔いの鐘を鳴らしたわけではない。トルコの小作農は微粒子病の流行をチャンスに変えた。トルコではビザンティン時代以来絹織物産業が栄えていて、16世紀後半に港湾都市ブルサ周辺を中心に、そして国中に散らばっている小規模な農場で、国産の絹を生産し始めた。しかし絹織物の製造は、徐々にたんなる生糸の輸出に取って代わられていた。

トルコの養蚕農家が微粒子病に襲われたとき、ちょうど新しい安価なアジアの絹の輸入品と競争するのが難しくなっていたこともあり、フランスやイタリアとは違って彼らは新たな市場が開くのを見抜いて創意工夫の才があることを示した。伝染病は蚕を侵しても桑には影響を与えないので、農家はとくにホワイトマルベリーの実を収穫して乾燥させ商品化した。のちに微粒子病の流行がおさまったとき、少数の農家が再び蚕の飼育に戻ったが、そのときは卵（「蚕種《さんしゅ》」）を収穫して輸出した。

●日本の養蚕の目を見張るような隆盛

19世紀の西洋における養蚕の衰退は――それが原因だったわけではないとしても――日本の絹生産の目を見張るような成長と平行して起こった。日本人は紀元前3世紀から絹を作っていたが、1853年にアメリカからマシュー・ペリー提督がやってきて新たに国際通商条約が調印されるまで、この国は経済的孤立が続いていた。1872年のスエズ運河の開通は、ヨーロッパへのより速くより経済的な供給ルートを提供して、日本の絹をさらに後押しした。日本も急速に近代化して、フランスから最新の糸繰り技術を導入した。このことはフランスの利益になった。フランスは生糸

富士山（東京の南西）が見えるところで蚕繭（さんけん）を検査している日本の労働者。イタリアの写真家フェリーチェ・ベアトによる写真に地元の水彩画家が手彩色。ベアトはそれまで閉じられていたこの国を旅してまわることを最初に許された西洋の写真家のひとりだった。チャールズ・アーサー・シェフェルドの『絹：その起源と文化と製造 *Silk Its Origin, Culture, And Manufacture*』（1911年）より。

の需要を国内でまかなうことができなかったからだ。1872年に群馬県に富岡製糸場が開設され、日本の近代化の象徴になった。

ヨーロッパで微粒子病が流行したせいで日本の養蚕が盛んになったとよくいわれるが、じつは状況はもっと複雑だった。微粒子病は日本でも流行したが、桑の栽培と蚕の飼育のやり方が違っていたため、病気をもっと容易に食い止めることができたのである。ヨーロッパの養蚕の特徴である不衛生な状態とは対照的に、蚕の飼育にあたる日本の女性は厳しい決まり事に従い、日に何度も衣服を替え、頻繁に手を洗った。さらには声をひそめて話し、蚕を脅かさないようにした。[50] 日本の養蚕農家は、新鮮なホワイトマルベリーの葉を細かく切って蚕に食べさせる中国のやり方を採用していた。幼虫が成長するにつれて切る大きさをしだいに大きくし、蛹《さなぎ》になる前の最後の

日本の鶴岡市にある山形県立庄内農業高等学校で、蚕に食べさせる桑の葉を集めているところ。おそらく1947年頃の古い絵葉書。

段階には、蚕を桑の小枝の上に直接置いて、切っていない葉を食べさせる。このやり方だと蚕はより速く成長でき、死亡率がより低くなったようだ。

また、日本では桑栽培のための土地が限られていたが、気候条件と地面に近い位置で木を剪定するやり方のおかげで、年に2回、さらには3回収穫することが可能だった。クラウディオ・ザニエルが指摘しているように、日本でもイタリアでも広く栽培されている（ホワイト）マルベリーの木は刈り込まれて背が低く、葉が摘みやすくなっているが、イタリア、とくに南部の気候条件では、春に葉をこそぎ落とされた小さな桑の木が晩夏までに2度目の若葉を出すことはできないので、1回しか収穫できなかった。[51]

第二次世界大戦と西洋市場へのレーヨンやナイロンのような合成繊維の到来によって貿易が妨げられたにもかかわらず、日本は1970年代の初めまでの20世紀の大半の期間、生産と輸出の点で生糸の世

群馬県沼田市にある薄根の大桑、日本、2018年。

界市場を支配し、60～80パーセントの市場占有率を誇った。1930年代には40パーセントもの日本の農家が養蚕に従事し、その数字は群馬県では70パーセントにのぼった。

しかし、養蚕に多大な投資をしたすべての国に起こったのと同じように、日本の場合も形勢は一変した。1940年代のアメリカによる日本の資産凍結などいくつかの要因が重なって、日本の生糸産業の衰退が始まったのである。富岡製糸場は閉鎖されたが、工場跡は博物館として保存され、2014年にユネスコの世界遺産に登録された。

日本の養蚕が衰退すると、中国が輸出市場の70パーセントを占めるようになって、再び国際的優位を確保した。今日、日本ではおよそ1万4500ヘクタールの土地しか桑の栽培にあてられておらず、約1700ヘクタールで集約的で高度に機械化された収穫がなされている。桑の木は背の低い状態を保つように刈りこまれ、10ヘクタールあたり2500

福岡県にある現代の桑園、日本の九州、2015年。

本も植えられている。

しかし国の養蚕計画というものは、誰もがそれが消えたと思ったときに再び息を吹き返す傾向がある。2017年に日本の熊本県が、「シルク・オン・バレー」と称するプロジェクトで2100万ドル規模の「無菌」養蚕工場を開設した。周辺の標高600メートルの山上にある「天空桑園」に約8万本の桑が植えられている。桑は背が低く保たれて100メートルの長さの列に植えられ、1列が機械でわずか5分で収穫できる。葉をそのまま蚕に与えるのではなく、葉を乾燥して粉砕し、ほかの材料と混ぜる。しかし、これより前の1980年代〜90年代に行われた桑を使わない人工飼料の試みは失敗に終わっている。[52]

◉一周して

日本の優位が第二次世界大戦中から戦後にかけて低下すると、中国が蚕繭《さんけん》の生産における世界のリーダーの地位を徐々に回復していった。新しい技術がヨーロッパから導入されたが、多くの生産者はまだ手で生糸を繰り取っていた。驚いたことに、それは均質性では劣るものの、工場の糸繰り機と同じくらいの生産性があった。[53] 1998年には中国で約62万6000ヘクタールの土地で桑が栽培され、インドがおよそ28万ヘクタールで続き、蚕繭《さんけん》の第2の生産国となっている。ホワイトマルベリーを使った養蚕が、一周してもとに戻ったのだ。

ヨーロッパと大部分の中央アジアにおける桑の大規模な栽培は終わった。それによりフランスのセヴェンヌ地方で起こった社会の崩壊について、フランソワーズ・クラヴェロールが、絶望的な目撃談を報告している。技術は消え、桑の段々畑は放置されて雑草が生い茂り、養蚕所はセカンドハウスや宿泊所、ブティックホテルとして売却された。[54] しかし、桑の移動は止まっていない。国連食糧農業機関は、南半球の開発途上国で桑の葉を牛の飼料にすることを積極的に奨励している。2000年かけた桑の遍歴の1章が終わり、次の章が始まろうとしている。

第5章 芸術、伝説、文学

桑の木にまつわる最古の神話は、およそ4000年前に養蚕によってホワイトマルベリーがほとんど魔法のような富の源泉になった古代中国で生まれた。そのほかの神話は、ブラックマルベリーの悪名高い、染みになる血のように赤い果汁に由来する。桑の木が中央アジア、中東、地中海周辺の国々の風景で目立つようになると、そうした場所の詩や文学作品に登場し始めた。ヴァージニア・ウルフやジェフリー・ユージェニデスのような小説家の作品には、趣味あるいは営利目的での蚕の飼育が登場し、桑の葉が物語の重要な要素として忍び込ませてある。

●古代中国の神話における桑

すでに見てきたように、養蚕の始祖である皇女嫘祖《れいそ》の伝説が、紀元前2700年頃の絹と養蚕の発見を説明するために生まれた。桑の木は、最近になって中国研究家によって収集された、ほかのいくつもの中国の伝説でも中心的な役割を演じている。とくに中国の神話に出てくる神と半神は簡単に人間の姿になったり戻ったりするが、アン・ビレルが説明しているように、桑の木がしばしば天と地をつなぐ世界軸の働きをする。[1]

蚕馬

蚕馬《さんば》の神話は、桑の木自体の起源を語っている。『捜神記《そうじんき》』という4世紀の説話集に最初に書き留められたこの物語では、蚕女《さんじょ》という若い娘が、父親が不在のあいだ1頭の雄馬とだけ残される。[2]娘の父親が殺されてしまったのではないかと心配になった蚕女の母親が、彼を家に最初に連れ帰る者に娘を与えると約束する。馬は自分にも見込みがあると大いに喜んで走り去り、父親を見つけて家に帰らせた。約束のことを知った父親は、そんな奇妙な結婚は一家の恥になると怒った。そして馬を殺し、皮を干したまま再び旅に出た。

父親が去るとすぐに皮は空中に飛び上がり、蚕女に巻きついて連れ去ってしまった。ようやく家に戻って娘がいないのを知った父親は、隣人の妻に娘を捜すようたのんだ。さんざん捜した末に隣人が発見したのは、蚕になって大きな古い桑の木の枝で繭を紡いでいる娘と馬だった。糸をほぐすと、繭は見たこともないような太くて長い絹糸を作っていた。隣人はこの木の世話をすることを誓い、「サン」と名づけた（中国語の「嘆き悲しむ、あるいは死者を悼むという意味の「喪《サン》」は「桑《サン》」と同音である）。

空桑

空桑《くうそう》（中空の桑）の神話は、殷《いん》（紀元前17世紀～前11世紀）を建てた湯王《とうおう》の宰相である伊尹《いいん》と関係がある。[3] 伊尹は湯王を助けて専制的な支配者を破った。空桑は宇宙樹（やはり世界軸）で、中国の北か東の山に実在した場所の地名ではないかと考える学者もいる。[4] 孔子は空桑の下で生まれたといわれ、『呂氏春秋《りょししゅんじゅう》』（紀元前3世紀前半？）にくわしく書かれているように、神話では伊尹も空桑から生まれたとされている。[5]

神話によると、伊水《いすい》の近くに住むある女性が身ごもった。夢のなかで神が、臼《うす》から水が漏れ出たらすぐにできるだけ遠くまで東へ逃げなさい——ただし振り向かないように注意すること——といった。翌朝、目を覚ますと、本当に臼から水が出ていたので、身のまわりのものを少しもって、急いで東へ10里ほど逃げた。神にいわれたことを忘れて、最後に一目、村を見ようと振り向くと、村は水没していた。洪水の悲劇を目にするやいなや彼女の体は中空の桑の木に変わった。数ヶ月のち、ある娘が桑の葉を摘んでいて、木のうろに赤ん坊がいるのを見つけた。主人のところに連れていくと、主人は自分の息子として育てることを許した。その赤ん坊が伊尹である。この物語で空桑は文字通り子宮である。

扶桑と后羿《こうげい》と10個の太陽

桑の神話のなかでおそらくもっとも有名なのが、扶桑《ふそう》（傾いた桑の木）の神話である。これは、東の湯谷《ようこく》（温源谷とも）の近くにある、高さ91メートルの巨大な節くれだった桑の木である。この

羲和（太陽神）と羿（げい）と扶桑の木を描いた武氏祠（ぶしし）のレリーフ、エドゥアール・シャヴァンヌの『中国北部の考古学的調査 *Mission archéologique dans la Chine septentrionale*』（1909年）第3巻より。

木の枝に10個の太陽がとまっていて、10日ある一週間の1日にそれぞれ対応している。新しい日の初めにひとつずつ太陽が木のてっぺんに上がってから飛び立ち、ゆっくりと空を渡って西の崑崙《こんろん》山脈まで移動し、そこで若木《じゃくぼく》というもうひとつの木で動かなくなる。神話のいくつかのバージョンでは、それから太陽は死に、10日後にようやく扶桑の木で再び生まれる。別のバージョンでは、太陽は扶桑の木と若木をつなぐ地下の川を通って、次のサイクルに間に合うように東へ戻る。中国研究家のサラ・アランによれば、この川は、若木と扶桑の根のところで地表に出る水の地下世界、つまり黄泉《こうせん》と同じなのかもしれない。[6]

太陽は10人兄弟で、すべて帝俊《ていしゅん》という神の息子であり、しばしば3本足の黒いカラスで表される。カラスが太陽を運んで天を渡っている絵もあれば、太陽の中にカラスがいるもの、カラスが太陽を表すもの――つまりカラスが太陽――もある。[7] 扶桑の木の神話は多くの場合、后羿《こうげい》、つまり神の戦士である弓の名手羿《げい》の伝説と結びつけられている。賢帝堯《ぎょう》の時代に、ある日、10個の太陽が一緒に昇ってひどい旱魃《かんばつ》を引き起こし、地を焦がし、植物を焼いた。帝俊は后羿に地上に降りて世界を救うよう命じた。最初、后羿は太陽を脅すだけにしようとしたが、それでは効き目がなかったので、一番目の太陽（息子）を狙って射落とした。するとそれは赤く熱い火の玉となって、金色のカラスの羽が舞うなか、地上へまっすぐ落ちていった。彼は残りの太陽をもう8個、ひとつずつ射落としていった。その日の「本当の」太陽は射落とすことができなかったが、地上の生き物に必要な光と暖かさを与えるため、そのまま残した。

人間は后羿《こうげい》に感謝したが、帝俊は息子を失ったことで腹を立て、罰として后羿《げい》を神の世界から追放

蕭雲従（しょううんじゅう）の『天問図』（1645年）に描かれている后羿（こうげい）。

した。地上で寂しくなった后羿は、美しい嫦娥《じょうが》を妻にした。いつか死がふたりを引き離すという考えに耐えられなくなった彼は、玉山《ぎょくざん》の頂上へ行って西王母《せいおうぼ》に助けを求めた。西王母は、死んだらすぐに天へまっすぐ昇ることのできる魔法の薬の入った杯を彼に与えた。しかし、不死を切望する嫦娥《じょうが》がこの杯を盗んで薬を飲んでしまった。彼女はたちまち天へ飛んでいき、月に住むようになった。かわいそうな后羿は残され、地上で生涯ひとりぼっちで暮らした。[8]

だが、嫦娥《じょうが》にとっても物事はあまりうまくいかなかった。月に着くとすぐに蟾蜍《せんじょ》（ヒキガエル）になったのである。嫦娥は月の女神で、中国では今でも中秋節、つまり秋分に近い満月の日（9～10月）に祭りが行われる。

扶桑と后羿の神話は殷王朝の時代のものと考えられ、この時代の最初に実際に起こって5年間続いた旱魃《かんばつ》がもとになって生まれたのかもしれない。また、后羿も実在した古代中国の部族長だった。[9] この神話は漢の時代（紀元前202～後220年）にはまだ信じられていて、1972年に馬王堆《ばおうたい》（湖南省）の墓から出土した前漢時代の棺にかけられていた布に描かれている。この布には、曲がりくねった木の枝の間に9個の太陽が見える。一方の隅にある月の中にはヒキガエルがいる。湖南省で発見された墓の壁画にもこの神話が描かれており、三星堆《さんせいたい》遺跡で発見された青銅製の樹木も扶桑なのかもしれない。[10] 扶桑が傾いてねじれた幹をもつものとして描写されているのは興味深い。それは、中国で一般的なホワイトマルベリー（*Morus alba*）ではなく、ブラックマルベリー（*Morus nigra*）の典型的な特徴である。

扶桑は昇る太陽と結びつけられているので、それは東にある島、もしかしたら日本のことをいっているのではないかと考える学者もいる。ごく最近では、スマイトのビデオゲームで后羿が主人公の戦士のモデルにされた。

易経における桑

儒教より前の占いの書物である『易経』の六十四卦の12番目「天地否《てんちひ》」（何事もうまくいかない行き詰まりの状態）の解釈で、桑のイメージが使われている。


閉塞《へいそく》が止む。

大人物には吉。

「うまくいかなかったらどうしよう、うまくいかなかったらどうしよう」

そんなふうに、大人物は桑の若枝の束にものを結びつける。

［原文は「休否。大人吉。基亡基亡。繫于苞桑。」］

易経の翻訳と解釈に職業人生の多くを捧げた、ドイツの中国学者リヒャルト・ヴィルヘルムは、「桑の木が切り倒されると、根から非常に丈夫な若枝が多数伸びてくる。このため、何かを桑の若枝の束に結びつけるイメージは、成功を確実にする方法を象徴するのに使われる」[11]と説明を加えている。

◉血と悲劇

ブラックマルベリーの、染みになる血のように赤い果汁——ウェルギリウスは「サングイネア・モルス」（血のように赤い桑）と呼んだ——は、しばしば不快なものや血まみれのものを連想させ、歴史を通じて作家たちの想像力をかき立ててきた。古代の一例が、ギリシア・ローマの伝記作家で随筆家のルキウス・プルタルコス（45〜127年）によって伝えられている。プルタルコスによると、アテナイのある詩人が独裁官ルキウス・コルネリウス・スッラの顔を「あら粉を振りかけた桑」のようだといって、彼の「赤い染みでおおわれ、点々と白い、恐ろしい顔」を表現したという。[12]

トマス・ベケットの暗殺

1000年後、ブラックマルベリーの木は、イングランドのヘンリー2世の治世（1154〜89年）に起こった、カンタベリー大司教トマス・ベケットの血生臭い暗殺事件と結びつけられた。フランスで生まれ教育を受けたイギリス人のベケットは若い野心家で、すぐに王に注目されるようになった。ふたりは近づき、ヘンリーはまずベケットを大法官にしたが、その後まもなく、教会に対して教皇をもしのぐ大きな支配権を得たいと望んで、カンタベリー大司教にした。しかし、いったんその地位に就くと、ベケットは変節して教皇に忠誠を誓い、王をひどく怒らせた。王はこの裏切り者を除いた者に褒美を出すことにした。

カンタベリー大聖堂の修道士であるジェルベイズによると、4人の騎士がこの仕事を引き受けたらしく、祭壇に向かってひざまずいているベケットを切り殺した。

キリスト降誕の日から5日目にあたる、週の3番目の日に、4人の廷臣がやってきて、大司教と話したいといった。それによって〔修道院の〕弱点を見つけようと思ったのだ。レジナルド・フィッツウルス、ヒュー・ド・モービル、ウィリアム・ド・トレーシー、リチャード・ブリトの4人である。長い話し合いののち、彼らは脅し始めた。しばらくすると、彼らは急いで立ち上がり、中庭に出た。そして桑の木の広がった枝の下で、胸当てをおおい隠していた衣服を脱ぎ捨てて、地方から招集していた者たちを伴って、大司教の邸宅に戻った……教会に入ると、彼〔ベケット〕は入り口で立ち止まり、従者たちに何を恐れているのか尋ねた。聖職者たちが混乱に陥り始めると、彼は「去れ、臆病者ども！　あの目の見えぬ狂人たちに続けさせてやれ。服従の規則に基づいて、扉を閉めぬよう命ずる」といった。

彼がこういっているうちに、見よ！　大司教の邸宅をくまなく捜した死刑執行人たちが、回廊を通り抜けて殺到してくるではないか。3人は左手に手斧、ひとりはまさかりか両刃の剣をもち、みんなこれ見よがしに右手に抜き身の剣をもっている。[13]

このあと起こった身の毛のよだつようなことの詳細は、あえて書かないでおこう。

ピュラモスとティスベ

おそらく、(ブラック)マルベリーが関係するもっとも有名な物語は、不運な恋人たち、ピュラモスとティスベの話だろう。紀元前1世紀末に『変身物語』〔中村善也訳/岩波書店/2009年〕をラテン語で書いた作家のオウィディウスは、その第4巻で、隣同士に住むハンサムなピュラモスと美しいティスベの話をしている。ふたりは深く愛し合っていたが、両親はこの縁組を喜ばず、結婚を許さなかった。恋人たちはふたつの家の間の壁の裂け目を通してささやき合っていたが、ある日、駆け落ちする決心をして、夜になったら桑の木の下でひそかに会うことにした。

ティスベが約束の場所へ着くと、子鹿を殺したばかりで顎から血を滴らせている雌ライオンの邪魔をしてしまった。恐ろしい獣に驚いてティスベは逃げ出し、あわてていたので白いベールを落としてしまった。雌ライオンはベールの匂いをかぎ、食事を邪魔されたことに苛立って乱暴にベールを振りまわした。何分かして木のところにやってきたピュラモスは、愛する人のベールが血まみれになって木の下に落ちているのを見つけた。雌ライオンがこっそり藪の中へ入っていくのを見て、すぐにこの獣が彼女を殺したに違いないと思った。悲嘆にくれた彼は剣を抜き、自ら命を絶った。

その直後、恋人を見つけてこの恐ろしい場所から逃げだしたくてたまらないティスベが、勇気を振り絞って桑の木のところに戻ってきた。そこで見つけたのは、血だらけの剣をそばに置いて地面に倒れて死んでいるピュラモスだった。何が起こったか悟ったティスベは、剣を手にして命を絶った。しかしその前に桑の木に呪いをかけて、白い実を血のように赤い色に変えた。そしてそれはまさに毎年起こっていることで、ブラックマルベリーの薄い色をした未熟な実がしだいに濃い赤黒い

グレゴリオ・パガーニ、《ピュラモスとティスベ》、1558〜1605年、キャンバスに油彩。

色に変わる。しかし、ブラックマルベリーが2種のホワイトマルベリーが複雑に交雑してできた古い雑種だという仮説が正しいのなら、オウィデスはさらに洞察力があったのかもしれない。

シェイクスピア学者のパトリシア・パーカーは、ピュラモスとティスベの物語の最初のラテン語版が、桑のラテン語（モルス *morus*）に関する「言葉遊びでいっぱい」なことを発見した。たとえば、アモル（*amor* 若いカップルの間の愛）、ムルムル（*murmur* ふたりはラテン語で *murus* という壁を通してささやくので）、モルス（*mors* ふたりの悲劇的な死）、モルス（*morus* 遅れ――ふたりの桑の木への到着時刻の致命的なずれ）である。[14] この物語の挿絵のなかには、ピュラモスが桑の木に変わるものもある。

さらに「モルス」に関する言葉遊び

パーカーは、非常に面白い分析のなかで、ヘンリー8世の不運な大法官、トマス・モア（1478～1535年）をめぐるモルスの言葉遊びについてもくわしく論じている。モアは、カトリックの深い信仰を守るほうを選んで、王のアン・ブーリンとの結婚を認めることを拒み、首をはねられた。モアは、人文主義のオランダ人哲学者で親友のエラスムスと、好んでラテン語で皮肉をいい合っていた。15～16世紀にはまだ、教養のある人々の間ではラテン語が共通語だったのだ。モアはブラックマルベリー（アルボル・モルス）を、テムズ川ぞいの当時チェルシーの小さな村だったところに建てた自宅の敷地に植えた。今日、モアの地所だったところにあるカトリックの神学校の美しい庭に、2本の古いブラックマルベリーともっと最近植えられた木が何本かまだ生えている。そのひと

アレン・ホール神学校の熟した実と未熟な実をつけたブラックマルベリー、チェルシー、ロンドン、トマス・モアの家の跡地。

つがまさしくモアが植えた木だといわれているが、それはありそうにないことで、その子孫かもしれない。

　モアとエラスムスは彼の名前のmor-という音節で遊んだ。というのも、モアはラテン語で「愚か者」を意味するからだ。『痴愚神《ちぐしん》礼讃《らいさん》』への献辞で、エラスムスはモアに、なぜわざわざ彼の名前について言葉遊びをしてこのタイトルにしたのか説明して、「まず最初に、Moria（モーリア）〈ギリシア語で「痴愚」の意〉ということばに大変よく似ている大兄のMorus（モルス）〈Moreのラテン語形。ギリシア語moros（モーロス）は「愚者」を意味する〉という姓が頭に浮かんだのでした。と申しましても、大兄御自身がそれとはおよそ無縁な存在であることは、衆目の一致するところですが」[15]『痴愚神礼讃』沓掛良彦訳／中央公論新社。引用中の〈…〉は同書の訳者による注」と書いている。エラスムスは、1509年の夏（ちなみにモアの桑の実が熟した頃だ）にチェルシーにあるモアの家に滞在している間にこの本を書いた。17世紀の初めに、パリのノートルダム大聖堂の司祭ルドヴィクス・ルメティウスもモアの名前で駄じゃれをいっているが、「*non mori sanguine, sed Thomae Mori*（桑のではなくトマス・モアの血）」と、もっと恐ろしいものである。

そのほかの言葉遊びの材料として、英語の「モア」（～よりもっと）、モラル（*mores*）、*morosus*（憂鬱な）、メメント・モリ（モアの死を忘れることなかれ）、そしてムーア（黒い、シェイクスピアのオセローの場合のように）などがある。一方、モアが若い頃に彼の家で仕えていたことのあるモートン大司教は、紋章に樽（タン）から出る桑（モア）の木、つまりモア・タンを使っていた。最後に、16世紀の作家トマス・ステプルトンは、『3人のトマス *Tres Thomae*』——使徒トマス、トマス・ベケット、トマス・モアの3人の伝記で、パーカーにより翻訳されている——で、次のように書いている。

Dat fructus homini, Bombyci serica morus
Virtuti, et Sophiae MORUS utrumque dabit
Moribus e MORI texes tibi serica morum.
Si MORI Bombyx sedule, Lector, eris.（強調はパーカーによる）

桑の木〔*morus*〕は人間に果実を、蚕に絹を与える。

モア〔*Morus*〕は両者に徳と知恵を与える。
モア〔*Mori*〕のモラル〔*mores*〕からあなたは自分で織る
　人格〔*mores*〕という絹の衣を
もしあなたがこの *Morus* つまりモアに忠実な蚕なら。

シェイクスピアの桑

ウィリアム・シェイクスピアが活躍した16世紀後半から17世紀初めにイングランドで見られた桑の成木は、ブラックマルベリーだけだっただろう。彼が言及しているふたつの特性、果実と日陰で知られる植物だ。シェイクスピアはオウィディウスの『変身物語』をはじめとする古典をしばしば利用し、ピュラモスとティスベの話を『夏の夜の夢』の筋に組み込んで喜劇にしている。第3幕第1場で、妖精の女王タイテーニアが妖精たちに向かって、ボトムによくしてあげなさいという。

このかたに失礼のないようお仕えしてね。
このかたの行く先々で楽しく踊ってね。
お食事にはさしあげておくれ、アンズにスグリの実に、
紫のブドウに緑のイチジク、それから桑の実に、
熊ん蜂の巣から蜜をとってきて添えるように。
枕もとのあかりには、蝋のついた蜂の太腿《ふともも》に

ホタルの目から火をうつしてさしあげるように、
このかたに安らかな眠りと目覚めが訪れるように。
それからおやすみのあいだはこのかたの目に
月の光がかからぬよう蜂の羽根であおぎなさい。
さあ、妖精たち、このかたにごあいさつしなさい。
［『夏の夜の夢』第3幕第1場／小田島雄志訳／白水社］

ここで桑の実は甘さのシンボルとして使われており、偶然だがやはり最初はローマ人によってイングランドに持ち込まれたほかのめずらしい果物のそばに置かれている。シェイクスピアは物語の筋にオウィディウスの悲劇を組み込んでいるが、桑の実と血との関連付けは完全に避けている。彼の物語詩『ヴィーナスとアドニス』（1593年に出版され、やはりオウィディウスの影響を受けている）でも、熟した甘さのイメージを生み出す目的で果物が使われている。

彼が小川にうつる自分の影を見ると、
魚たちがその上で金色の鰓を広げた。
彼がそばにいると、鳥たちが喜んで
歌う者もいれば、くちばしで
彼のところに桑と赤く熟したサクランボをもってくる者もいた。

桑の葉と実の彫刻がほどこされた紅茶入れ、トマス・シャープによるとされるが間違い。シェイクスピアの桑の木材から製作、18〜19世紀。

彼は彼らに姿を見せ、彼らは彼に木の実を与えた。

1605年から1609年にかけて書かれたローマの戦争悲劇『コリオレイナス』でシェイクスピアが使っているのは、熟した桑の実のやわらかさである。第3幕第2場で、大きな影響力をもつヴォラムニアが、勇敢だが傲慢な息子コリオレイナスに、もう人々を軽蔑するのをやめて「かたくなな心をやわらげ、「熟しきった桑の実のようにもちあつかえないほどやわらかに」[『コリオレーナス』小田島雄志訳/白水社]なって、彼らを鎮めるよう訴える。

シェイクスピアが桑に興味をもつようになったのは、大規模な栽培を奨励するジェームズ1世の取り組みによる当時の流行のせいだという主張が無視されてきたのは、とくに王の1607～8年の勅令が、この劇作家が桑に言及した作品を出版するよりあとに出されたからである。『夏の夜の夢』は1600年に出版され、おそらく1594年か1595年に書かれたのだろうが、それはジェームズの養蚕計画の10年以上前だ。シェイクスピアは、1597年に購入し人生の最後の数年を過ごした、ストラトフォード＝アポン＝エイヴォンのニュー・プレイスの家に生えていた木で、やわらかい桑の実を直接体験していたかもしれない。最終章で見ていくように、この木は1世紀のちにかなりの論争を巻き起こすことになる。これに対し、シェイクスピアと同時代で彼より若いベン・ジョンソンが、1632年に出版した『磁石のレディ *The Magnetic Lady*』に「本物の蚕のように桑の葉を食べるおべっか使い」のことを書いたとき、この桑の流行の影響を受けていたのは間違いない。

シェイクスピアのソネットのダーク・レディが誰かという謎をめぐって続いている推測にも、桑

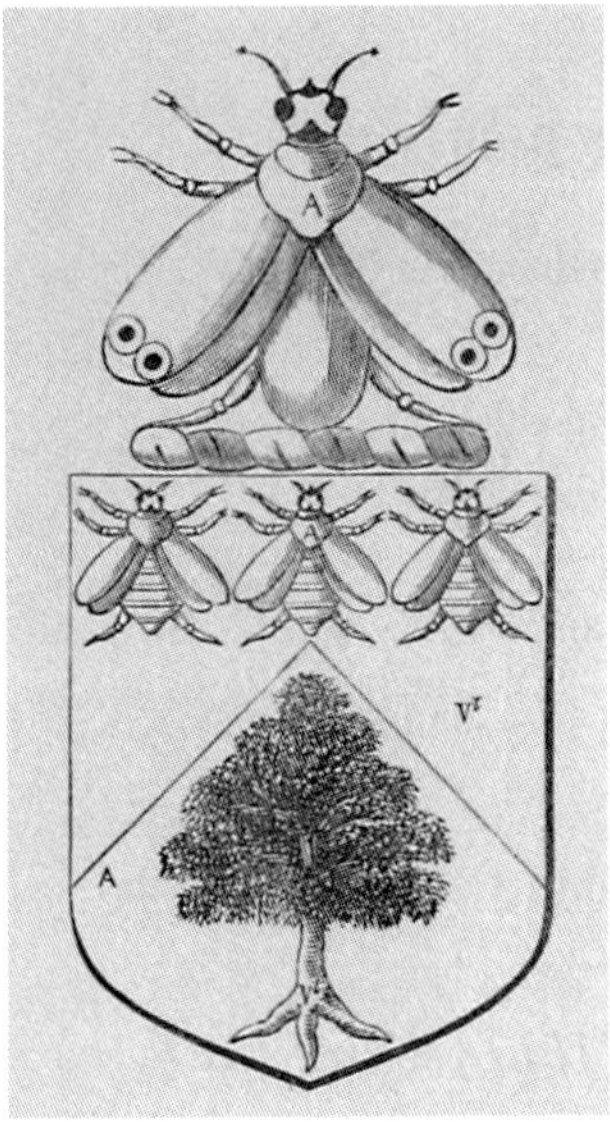

桑の木、葉、蚕 —— あるいはハチか？ —— のあるバッサーノ家の紋章。

フィンセント・ファン・ゴッホ、《桑の木》、1889年、キャンバスに油彩。

の木が登場する。彼女は富裕なヴェネツィア商人のバッサーノ家の出身だという説があり、バッサーノ家の紋章には桑の木と蚕があって、ヴェネツィアの北のバッサーノ・デル・グラッパにルーツがあることを示している。１５９３年にニコラス・ヒリアードによって描かれた、ミセス・ホランドという題がつけられ現在ヴィクトリア・アンド・アルバート博物館にある、誰かわからない女性の細密肖像画は、蚕蛾と牡鹿と桑の木で飾られた胴着を来た美しい女性を描いたもので、エミリア・バッサーノ（アメリア・バッサーノ・ラニエ）の肖像画と思われる[16]。

◉視覚芸術における桑

桑の木の樹皮から作った紙は視覚芸術の制作材料として高く評価されているか

もしれないが、桑の木と実は一般的な題材ではない。桑の木の絵でとりわけよく知られているのが、オランダのポスト印象派の画家、フィンセント・ファン・ゴッホが、自殺する1年前の1889年に描いたものだ。秋に制作されたこの絵は、青空を背景に岩だらけの風景の中に立つ、おそらくホワイトマルベリーを描いている。この木は、フランスのサン＝レミ＝ド＝プロヴァンスの町の近くにある、もとは11世紀のロマネスク様式の修道院だったサン＝ポール＝ド＝モーゾール精神科療養院の敷地に立っていたものだ。ファン・ゴッホはその年の5月に自ら入院したのだが、その前に仲間の画家ポール・ゴーギャンと喧嘩し、そのときに耳を失っている。このふたりの画家は1887年にパリで出会って、すぐに親しくなり、ポリネシアに画家の理想郷を開く計画まで立てていた。1888年10月にゴーギャンは、フィンセントがアルルに借りていた部屋に来て合流した。しかし、ふたりは口論し、通りで激しく喧嘩したあと、フィンセントは自分の左耳を切ってしまった。ファン・ゴッホが喧嘩した末に自分の耳を剃刀で切り落としたこと——彼の狂気がひどくなっている証拠——は広く報道された。しかし最近ではこれに異を唱えて、ゴーギャンはフェンシングの名手で、怒りか自衛のためのどちらかでエペ（フェンシング用の剣）で友人の耳を切り落としたのではないかと主張する説もある。[17] 前述の絵には秋の桑の葉の鮮やかな黄色が表現されており、フランス語でアルブル・ドール（黄金の木）と呼ばれるようになった。1889年12月に制作されたもうひとつの絵《サン＝ポール病院の庭》は、別の桑の木々を描いたらしく、1本は古くて大枝がひとつ失われている。

上海を中心に活動している中国の芸術家、梁紹基（リアン・シャオチー）の《自然系列》は、直

梁紹基、《床／自然系列 No.10》、1993年、黒く焦がした銅線、絹、繭。

ジェス・シェパード、《040420161613 マルベリー（*Morus nigra*）、37° 11'10.8"N / 3° 41'21.2"W》、2016年、紙に水彩。

トリーシャ・ハードウィック、《桑とクリーム》、2013年、リネンに油彩。

接的には桑を表現していないが、つねに桑が存在する。1986年に制作を開始したこの作品で梁は、蚕の生活環を、第4の次元である時間を表す暗喩として使っている。この作品には、《床／自然系列No. 10》（1993年）の針金の小さなベッドや、《窓》（2012年）にある蚕が繭を紡いだ格子窓のようなファウンド・オブジェクト［何らかの目的で使用されたもので、芸術作品の構成要素になったもの］など、小さな構造物が使われている。この作品の展示の一部として、訪れた人々は蚕が桑の葉をかじる音を聞くことができる。

イギリスの画家ジェス・シェパードは、自分は「ボタニカル・ペインター」だといっている。先に植物学の勉強をした彼女は、科学的正確さを作品に持ち込み、《リーフスケープ》という葉の水彩画のシリーズ

ザンシ・モーズリー、《ブラックマルベリーの老木》、2018年、紙に鉛筆。

で、その細かさは並はずれたレベルに達している。紙に筆がふれる前から、全感覚を使って対象にどっぷり浸かるのだと彼女は説明する。「植物をうまく描写するには、これらすべての（感覚的）要素を感じ取らなければならない」のだという。[18] これに対し、イギリスの画家トリーシャ・ハードウィックは、16〜18世紀のスペイン、イタリア、フランドルの静物画の名作からインスピレーションを得ている。彼女はできるだけ伝統的な使い古された手法を用いようとしていて、注意深く粉砕した顔料を使って独自の色を出している。作品はたいてい、細かく織られたリネンのキャンバスに描かれる。2枚の絵に桑を入れたのは、桑の利用の文化に関する著書があるスティーヴン・J・ボウからインスピレーションを得たのだという。[19]

イギリスの画家のザンシ・モーズリーは、《ドローイング・ア・デイ》のシリーズで桑の木の鉛筆画を何枚も描いている。インスタグラムに毎日1枚絵を投稿すると約束しているのだ。古い桑の木のいくつか――ほとんどすべてがブラックマルベリー――は都会の狭いスペースにあるので、ごちゃごちゃした背景からその木を分離することができるという点で、モーズリーは写真家より有利である。また、写真だとレンズやカメラの光学上の制約から歪みが生じたり木を刈り込まざるをえなくなるが、そんなことは気にしなくてよい。

●風景の中の桑

オウィディウスの『変身物語』の桑とは違って、もっと最近の文学作品では桑の木と果実が中心的位置を占めることはない。風景を特徴づける要素として、あるいは蚕と養蚕を支える端役として、場面設定を助けるだけのことが多いのだ。

エミール・ゾラは、1871年に初版が出版された小説『ルーゴン家の誕生』で、プロヴァンスのプラッサンという架空の場所（おそらくエクス＝アン＝プロヴァンスがモデルになっている）の風景を描くために桑の木を使っている。しかし、ある1本の古い木が胸を打つ特別な役割を演じている。この小説は、「第二帝政におけるある一家族のありのままの社会史」を提示することを目指す、20巻からなる不朽の名作『ルーゴン・マッカール叢書』の第1巻である。1800年代のプロヴァ

ジェムノスの道端に並ぶ桑の木、フランス南部、20世紀初め。

ンスの風景は、養蚕のために植えられたホワイトマルベリーで占められていただろう。この桑は地元の養蚕所に餌を供給し、そこでできた繭と繰り取られた生糸はアヴィニョンとリヨンの織物業者のもとに送られた。『ピュラモスとティスベ』の出だしを彷彿とさせるシーンで、この小説の最初から最後までよりあわされた1本の糸のような人生を送るふたりの恋人、シルヴェールとミエットが、ナポレオン軍と戦うためにシルヴェールが出発する前夜、長方形をしたサン＝ミットル平地《ひらち》で会う約束をする。

右側には、あばら屋の並んだ路地があり、その奥は行き止まりになっている。左側と奥の方は苔むした壁二面で囲まれ、その上にジャス＝メフランの桑の枝が大きく頭をのぞかせている。広大な地所で、その入口は市外区のずっと下手にある。このように三方を囲まれた平地はどこへも通じない広場と同じで、散歩する人が歩きまわるだけで

ある。[20]［『ルーゴン家の誕生』伊藤桂子訳／論創社］

シルヴェールが古いライフル銃をいじりながら待っているが、苛立ってくる。

若者は銃を隠すと、再び耳を澄ましたが、相変わらず何も聞こえないので、石の上に乗ってみることにした。壁は低く、青年はその笠石に両肘をついた。壁に沿って並んだ桑の木の向こうには明るい平原しか見えなかった。……

まだ腕を伸ばさないうちに、少女の顔が壁の上に現れた。妙にすばしっこく子供は桑の木の幹を伝い、若々しい牝猫のようによじ登った。正確にやすやすと動く姿からすると、この妙な通り道に慣れているようだ。あっという間に壁の笠石の上に腰かけていた。そこでシルヴェールは腕をまわし、彼女を墓石の腰かけの上に下ろそうとした。だが少女はもがいた。［『ルーゴン家の誕生』伊藤訳］

桑の木はふたりの待ち合わせ場所で、この小説の最後のあたりにある悲痛な場面で再び登場する。17世紀後半から19世紀にフランス、イタリア、スペインで起こった「マルベリー熱」の時期に、しばしば道ぞいや生垣に桑の木が植えられた。養蚕は小作農による家内産業だったので、畑が何段もあるような桑園はめずらしかった。イタリアでは小さな農家の中庭に大きな桑の木が1本あることが多く、それで1オンス（28グラム）の卵（「蚕種《さんしゅ》」）から孵化した蚕に与えるのに十分な量の葉を供給できた[21]。

ときには桑の木が領主の館の周囲に植えられることもあり、造園の重要な要素として使われることさえあった。ゾラの小説に出てくるジャス＝メフランの家がそうで、市街区の端まで来ると、「そこにジャス＝メフランの正門があり、頑丈な二本の支柱に鉄格子がついていて、格子と格子の間に延々と続く桑の木の並木道を見せている。歩きながらシルヴェールとミエットは本能的に敷地内をちらりと見た」［『ルーゴン家の誕生』伊藤訳］。

養蚕は明らかにこの町の仕事のひとつで、女性や9歳ですでに働いていたミエットのような少女たちがすることだった。


農婦の仕事は南仏では北仏よりはるかに楽であった。女たちが土地を掘り起こしたり、重荷をかついだり、男のような仕事をしたりする姿はほとんど見受けられない。麦を束ねたり、オリーブの実や桑の葉を摘んだりしている。一番辛い仕事は雑草を引き抜くことである。ミエットは陽気に仕事をした。戸外での生活は彼女の喜びであり健康のもとであった。叔母が生きていた間は彼女は笑ってばかりいた。［『ルーゴン家の誕生』伊藤訳］

ゾラは、このシリーズのあとのほうの小説『パスカル博士』でも、古い桑の木について書いている。「灼熱の太陽の中にあって、薔薇色の屋根を備え、壁を乱暴に黄色く塗った家は陽気に笑っているように見えた。テラスの桑の老木の下で彼女は見事な眺めを楽しんだ[22]」［『パスカル博士』小田光雄訳／論創社〕というテラスへの言及は、明らかに蚕の餌にするために育てられている木のことをいっている。ゾラが書いていた19世紀には、桑の古木は南フランスの田舎では見慣れた眺めだったのだろう。

廃れた生き方の暗喩

レバノンの作家イマン・ユメイダン・ヨゥンは、２００８年の小説『野生の桑 *Wild Mulberries*』で、めずらしく蚕ではなく桑を隠喩に使った作家である。１９３０年代のレバノンの山の中の村を舞台にしたこの小説は、国際市場が変化するにつれて伝統的な地元の絹生産が衰退してゆくようすを描いている。シャイフ（家長）は家で生産している絹の販路が縮小しているにもかかわらず、桑園をハアラ（伝統的な家）のすぐそばを取り巻いている段々畑から下の谷へ広げることにする。それにはもっと労働力が必要だが、ちょうどその頃、地元の労働者は村を見捨てて海辺のもっと職のありそうなところへ出ていっていた。シャイフの姉が、「みんな桑の木を抜いて代わりにブドウやオリーブの木を植えている。絹の値段がゴミみたいになってしまったのに、まだ桑を育てるつもりなの[23]」と文句をいう。

ついにシャイフの息子のイブラヒムも事業計画全体に不満を抱いて家を出ていくと、手入れされない桑の段々畑はしだいに自然の状態に戻っていく。これは近代化が進むレバノンにおける古い生き方の衰退を象徴しており、その一方で世界はいつのまにか迫りくる戦争のふちに立っている。この本には、かつては中東の絹生産を牽引した国のひとつだったレバノンにおける、伝統的な田舎の小規模経営での蚕の飼育の詳細と、桑の栽培と葉の収穫が中心的な役割を果たしていたことが、内部の人間の視点で書かれている。

端役としての桑

イタリアでベストセラーになった（そして2007年に映画化された）、イタリアの作家アレッサンドロ・バリッコの短編小説『絹』［鈴木昭裕訳／白水社／2007年］では、桑が少なくとも補助的な役割を演じているだろうと思われるかもしれない。だが、彼は桑に2度言及するだけで、そのときも一瞬のことだ。微粒子病の流行で国内の蚕が大打撃を受けた1860年代の、ニームに近いラヴィルデューという架空の町を舞台にしたこの物語は、年に1度の買い付けのために日本への大旅行をしなければならなくなった、蚕の卵を扱う商人について語っている。[24]

ヴァージニア・ウルフも、1919年に出版された小説『夜と昼』で、結婚の見込みがほとんどない、レディ・オトウェイのがっかりさせられることの多い娘、カサンドラの横顔を描くのに、絹と蚕を使っている。

男の子たちは頭がよければ、奨学金を貰って学校に行った。頭のよくない男の子たちは、見かねた親戚の申し出を何でも受け入れた。女の子たちは時折勤めに出たが、いつも一人か二人は家にいて、病気の動物の看病をしたり、蚕の世話をしたり、自分の部屋でフルートを吹いたりしていた。［『夜と昼』亀井規子訳／みすず書房］

1880年のカイコガ（*Bombyx mori*）の卵（「蚕種」）の缶。

レディ・オトウェイがとくに苛立ったのは、「ある日、探しものをしようとしてカサンドラの寝室を開けると、天井からは桑の葉がぶら下がり、窓は籠でふさがり、テーブルは絹の着物を作るための手製の機械が積まれてあった」［『夜と昼』亀井訳］ときだ。カサンドラが集めることのできたわずかな繭から絹のドレスを作るというのは明らかにばかげているが、ウルフは蚕に与える十分な量の桑の葉を見つけて集めるという毎日の悩みの種をうまく表現している。

ゾーイ・レディ・ハート・ダイクは、自伝『蚕は紡ぐ *So Spins the Silkworm*』で、十代のとき、フランスのトゥールの花嫁学校の寝室でこっそり飼っていた蚕に与えるため、新鮮な桑の葉をいつも探していた話に、数ページを割いている。夜、階段の窓から抜け出したこと、自転車で町へ行ったこと、地元の少年に町からひそかに桑の葉を配達してもらったことなどが書かれている。幸いなことに、アンリ4世の時代に養蚕の一大中心地だったトゥールには、ホワイトマルベリーの木があった。ゾーイ・レディ・ハート・ダイクはルリングストーンに絹工場を開き、このイングランドで唯一成功した工場を経営して、第二次世界大戦中に軍にパラシュートを供給した。

もっと最近では、エリゼ・ヴァルモルビダも、小説『山の聖母 *The Madonna of the Mountains*』のなかで、イタリアのファシスト時代とその直後のイタリア北部の田舎での暮らしを再現するために、蚕に与える桑の葉を摘んだりきざんだりするようすを書いている。[25] 著者によれば、調査の一環として、ロンドン南部にあるダリッジ・ピクチャー・ギャラリーの敷地にある2本の古いブラックマルベリーを頻繁に訪れたという。[26]

変身

ジェフリー・ユージェニデスは、ピューリッツアー賞を受賞した小説『ミドルセックス』［佐々田雅子訳／早川書房／2004年］で、物語の主役で両性具有のカリオペ・ステファニデスに起ころうとしている予期しない性転換に類似するものとして、蚕の成長と変態のことを書いている。[27] 物語は、トルコのブルサを見下ろすオリンポス山［ウル山の古称］の山麓にある、1920年代の絹を生産する村を中心に、時と場所を行ったり来たりして、不況のデトロイトを経て1971年のサンフランシスコで終わる。

蚕蛾の卵、蚕と繭が物語のあちこちに出てきて、取り上げられるさまざまな変身をつないでいく。しかし、少女として成長して10代で少年になるカリオペの変化をたとえるのなら桑のほうがよかったかもしれないのに、桑はほとんど登場しない。いくつもの桑の種が雌雄同株（同じ木に雄花と雌花がつく）で、個々の木が一生の間に純粋に雄の木から純粋に雌の木へ変わることさえあるのだ。[28]

●民間伝承の桑

古くから樹木、とくにオーク、イチイ、オリーブのような、数千年とはいわないまでも何百年も生きる木は、崇拝の対象となってきた。古代ローマ人は、桑を（オリーブとハンノキとともに）知恵の女神ミネルヴァに捧げる神聖な木とみなした。シチリアには今でも、桑の枝を切って12月6日の聖ニコラウスの日を祝い、それを1年間家に置いておく、古い伝統を守る人々がいる。もっと陰気な話だと、ドイツのある伝説によると悪魔はブーツを磨くのに桑の木の根を使い、そのため桑の木は悪いことの前兆になった。[29]

英語を話す文化では、桑のことをよく知るようになるのは、おそらく「桑の木のまわりをまわろう」という、輪になって歌う童謡からだろう。たいていの大人や子供が最初の数行を歌えるだろうし、ひょっとしたら全部歌えるかもしれない。桑を見たことがなかったり、それが木であって茂みではないことを知っていなくてもだ［原題は「Here we go round the mulberry bush」で、そのまま訳すと「桑の茂みのまわりをまわろう」］。

19世紀の民話と童謡の収集家ジェームズ・オーチャード・ハリウェルによれば、「桑の木のまわりをまわろう」は「その韻律部分は少しだけメロディーのある、輪になって踊りながらするまね遊び」の例だと述べている。[30] しかしハリウェルは、この歌はもともとはブランブル、つまりブラック

クリストフォロ・デ・プレディス（?）、『天体と惑星の小冊子』より細密画、1470年。

ウォルター・クレイン、『幼子のオペラ *The Baby's Opera*』（1877年）の挿絵。童謡の「桑の木のまわりをまわろう（Here we go round the mulberry bush)」という童謡の「ブッシュ」はおそらくもともとはマルベリーではなくブラックベリーかブランブルのブッシュだったのだろう。

レネ・クローク、ヴァレンタイン社製絵葉書、1939年。

ROUND THE MULBERRY-BUSH.
HERE WE GO ROUND THE MULBERRY-BUSH.
THE MULBERRY-BUSH, THE MULBERRY-BUSH.
HERE WE GO ROUND THE MULBERRY-BUSH
ON A COLD AND FROSTY MORNING.

桑は古くから神話や民間伝承が生まれるきっかけになってきた。ヴィクトリア朝風の装飾タイル、ベルグレイヴ小児病院、1990年にキングスカレッジ病院の150周年を記念して制作された。

ベリーの茂みのまわりで歌うものだったのだが、同じ音で始まる「ブランブル・ブッシュ」が歌いにくかったためマルベリーに変えただけなのかもしれないと述べている「ブランブルはキイチゴ属の低木の総称で、イギリスではとくにブラックベリーをさす」。この種のリングダンスでは、子供は想像上の茂み――子供が代わりをすることもある――のまわりでみんな手をつなぎ、輪になって次のように歌いながら踊る。

桑の茂みのまわりをまわろう、
桑の茂み、桑の茂み。
桑の茂みのまわりをまわろう
寒い霜の降りた朝に！

次の歌詞は「こんなふうに服を洗うんだ」で始まり、ハリウェルは次のように説明している。

〔子供たちは〕それから輪になって踊り、最初の節を繰り返し、そのあと同じような「こんなふうに服を乾かすんだ」などの歌詞とともに、服を乾かす作業を始める。するべきことの数を増やせば、遊びはほとんど無限に続くかもしれない。しかしたいてい、絞り器にかけたり、しわを伸ばしたり、アイロンをかけたりして満足し、服を片づける。[31]

おそらく、このように幼児期が連想されることが理由で、少なくとも19世紀中頃以降、桑の木はしばしば校庭に植えられてきた。ヴィクトリア時代に植えられたものが何本か今日でも――場合によっては学校が取り壊されたあとでも――残っている。たとえばルイシャム区（ロンドン南東部）にある2007年に建設された住宅団地の片隅に、今もぽつんと成熟したブラックマルベリーが立っている。ここは19世紀に建てられた男子小学校の校庭の跡地で、学校は1960年代に取り壊されたのだが、この木は残されたのである。ロンドンのカムデン女子校にも有名な桑の木があり、東ロンドンのある学校はマルベリー・スクールと呼ばれ、桑の木の絵が校章になっていた。

スカンジナビアなどほかのところでも、別の低木が登場する似たようなリングダンスの歌が報告されているが、この桑の歌はイギリスのヨークシャー州にある、かつて女性の教護院だったウェイクフィールド刑務所で生まれたとする説がある。今日、その運動場に古い桑の木があり、女性たちがこの歌を歌いながらこの木のまわりを歩いたのだろうという説である。しかし、おそらく樹齢

１５０年の木が存在すること以外には、この話を裏づける証拠はない。
最終章では、たくさんある桑の木の用途のいくつかに注目する。

第6章　さまざまな用途

インドでは、桑はカルパヴリクシャ（如意樹）と呼ばれるいくつもの木のひとつである。これは、9世紀のヒンドゥー教の改革者アディグル・シャンカラチャイリヤが瞑想したといわれる、ウッタラーカンド州ジョシマスに実際にある桑の古木に与えられた名前でもある。

カルパヴリクシャという言葉が使われるのは、インドでこの木のあらゆる部分が多くの用途に利用されているからである。実からはジャムやジュースが作られ、葉は蚕を育てるのに使われ、牛や山羊の餌にもなる。木材は燃料として使われ、家の建設や家具作りのため、そして柱、玩具、茶箱を作るのにも使われる。

桑の非常に古い用途は、絹を作るという生物による錬金術における役割以外に、布、紙、医薬品といったものもある。

インド、ヒマーチャル・プラデーシュ州にある、樹齢1000年を超えているかもしれないヒマラヤンマルベリー（*Morus serrata*）の古木。

◉布

桑の樹皮から作った布は、古代中国では麻から作った布とともに一般的だった。これは桑由来のものの布への使用としては最初のもので、同じ木の葉から蚕が自然に紡ぐ軽くて光沢のある見事な糸に道を譲ることになる。

桑の仲間の植物ならどの種類からでも樹皮布を作ることができ、実際に作られてきたが、ペーパーマルベリーとも呼ばれるカジノキ（*Broussonetia papyrifera*）が東アジアと東南アジア一帯で広く使われるようになり、台湾と中国南東部からの移住者によってオセアニアにも広まった。たとえばパプアニューギニアのマイシン人は、樹皮から伝統的なタパという紙に似た布を作る。さまざまな名前で呼ばれる似たようなタパ布が、サモア、フィジー、ハワイで見られ、最近ではオセアニア全域に人々が移住していったようすをたどるための指

カジノキの樹皮から作られたタパ布（シアポ・ママヌ）、1890年頃。

標として使われている。[1]

チョクトー族やナチェズ族などのアメリカ先住民は、よく似たやり方で、固有種のレッドマルベリー（*Morus rubra*）の若い枝の内樹皮から布を作る。1682年に探検家のアンリ・デ・トンティとラ・サール卿はナチェズの村（タエンカス）で、レッドマルベリーの内樹皮から女性たちが作った白いマントを着て座っている60人の老人を見かけたという。[2]

◉紙、凧……そして紙幣

文字は紀元前3000年頃にメソポタミアで生まれたのかもしれないが、紙が最初に使われたのは中国で、紀元前2世紀以降のことである。それまで――そしてその後も何世紀もの間――中国以外では文書を書いたり絵を描いたりするのは、粘土、パピルス、あるいは羊皮紙に行われた。中国では絹も使われたが、高価で実際的ではなかった。中国

カジノキの樹皮から布（タパ）を作っているところ、マウイ・ヌイ植物園、マウイ島、ハワイ、2006年。

紙の発明はたいてい中国の蔡倫《さいりん》によるとされるが、彼は西暦105年頃に後漢の和帝《わてい》に仕えた宦官である。実際には蔡倫は紙を発明したのではなく、すりつぶした樹皮繊維のパルプに麻、ぼろ布、さらには魚網を混ぜて品質を、大きく向上させた。蔡倫はこのアイデアを布を作るのに樹皮（多くの場合、マルベリーの木の樹皮）の繊維が広く使われていることから思いついたのだろう。

ペーパーマルベリーの樹皮を使った紙作りへのごく初期の言及のひとつが、現在の山東省の高陽郡《こうようぐん》太守《たいしゅ》だった賈《か》思《し》勰《きょう》による6世紀の文書に見られる。彼は営利的なペーパーマルベリーの栽培に関する助言を与え、紙を作るために樹皮をはいで煮るのは「骨がおれるが利益になる」と書いている。[3]

中国学研究者の銭存訓《せんそんくん》は、ジョゼフ・ニーダム編著『中国の科学と文明 *Science and Civi-*

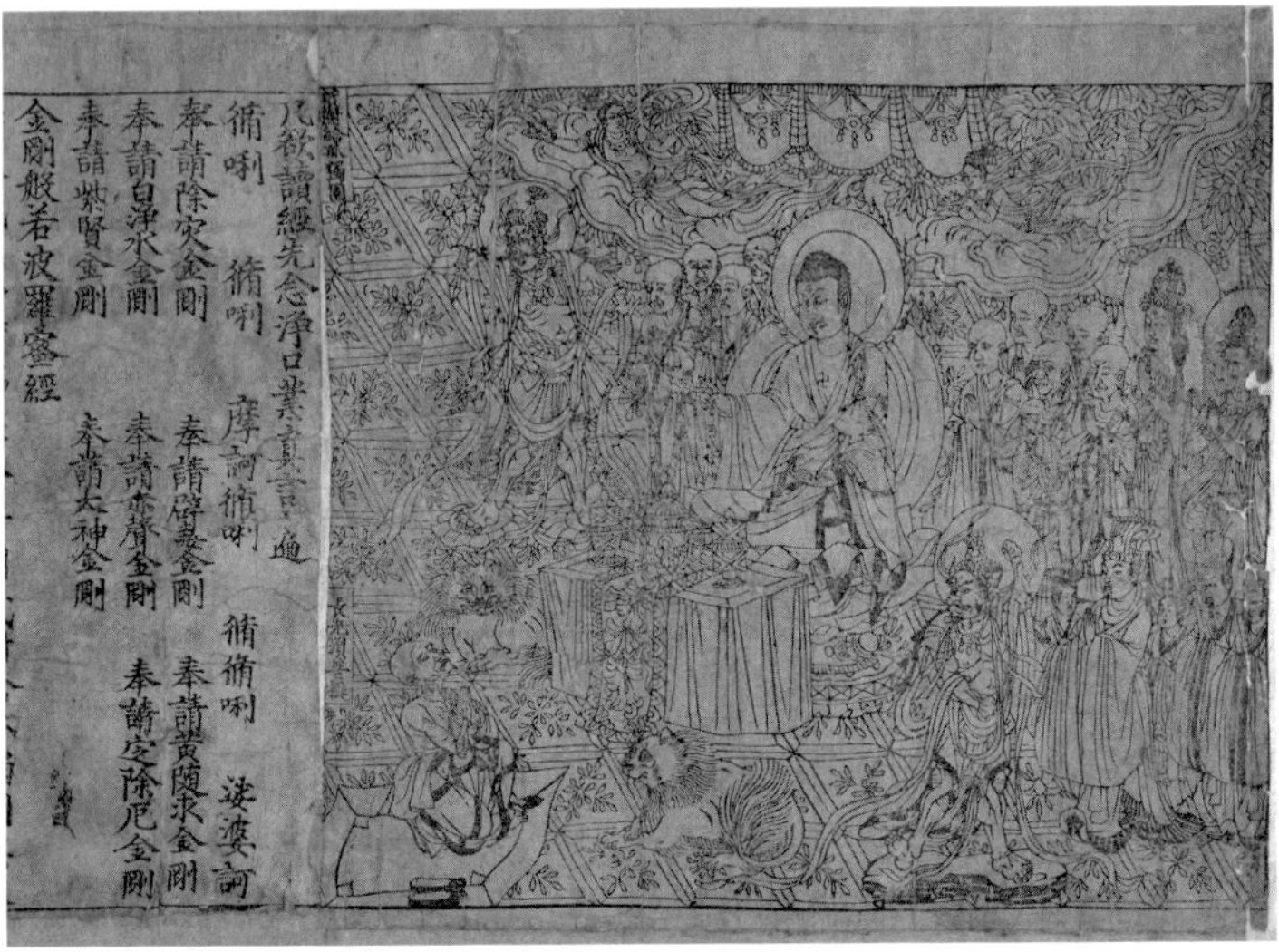

金剛般若経の扉絵（868年頃)、唐朝宣宗（せんそう）の治世の9年目にマルベリー紙に墨で刷られた。1907年にサー・マーク・オーレル・スタインにより敦煌の第17窟で発見された。

lization in China』の紙と印刷に関する巻で「古代世界のあらゆる産物のなかで、中国の紙と印刷の発明に匹敵するほど重要なものは少ない」[4]と述べている。ジェームズ・ミルウォードは、『シルクロード *The Silk Road*』のなかで、さらに深く掘り下げて、紙の発明——そしてシルクロードと呼ばれるようになった道路網のいたるところに紙が伝わったこと——は、世界の文明に絹よりも大きな影響をおよぼしたかもしれないと主張している。[5]これは本当かもしれない——とくに印刷機の発明後は——が、養蚕とは異なり、製紙は桑の木がなくてもできたし、特定の種の木が大規模に移動する必要があるわけでもなかった。実際にパルプに使われる木質繊維は、地元で手に入る樹種しだいでさまざまだった。

ごく初期にマルベリー紙を印刷に使った人々のなかに、仏教の僧たちがいた。知られている最古の木版印刷物——仏教経典（無垢浄光大陀羅尼経《むくじょうこうだいだらにきょう》）——が、706年頃に現在の韓国の僧によってマルベリー紙で作られた。これは、1966年に韓国の慶州市にある仏国寺釈迦塔で発見された。[6] この発見より前に、最古の日付の（マルベリー紙への）木版印刷物が、中国の敦煌の蔵経洞《ぞうきょうどう》で王円籙《おうえんろく》という道士によって発見されており、これは金剛般若経で868年のものである。これをハンガリー生まれの考古学者サー・マーク・オーレル・スタインが1907年に遺跡で買い取り、今でも印刷された本の最古の完全な例とされている。7枚の細長い黄色い紙を貼り合わせて、長さ5メートルの巻物にしてある。

製紙の技術が中国全土に広まると、すぐに凧などそれまで絹で作られていたものを作るのに用いられた。最近（1951年）では、日本人の彫刻家イサム・ノグチが、有名な竹とマルベリー紙のランプ［岐阜提灯をヒントに竹ひごと和紙で作られた照明器具］をデザインし、そのコピーが世界中の家庭用家具の店で売られている。マルベリー紙は古くから、とくに日本と韓国で、ガラスの代わりに窓や間仕切りにも使われてきた［マルベリー紙は楮《こうぞ》紙なども含む。和紙に使われるコウゾはヒメコウゾとカジノキの雑種（どちらもコウゾ属の植物）である］。

また、韓国と日本は6世紀には中国の製紙技術を学んで、中国のものとよく似た材料を使っていた。伝統的な韓国の韓紙《ハンジ》は、ペーパーマルベリー（ダックと呼ばれる）を煮てたたいてつぶし、乾かしたのち、トロロアオイ（*Abelmoschus manihot*）の粘液でコーティングされる。これはアオイ科の植物で、ハイビスカスに似ている。高句麗国の時代（918〜1392年）に、この地域一帯で韓紙の名声はピークに達し、おもに藍で染められた紙に金粉や銀粉の入った顔料がほどこされた。

韓紙は真珠など高価な品物と交換された。

製紙技術がアラブ諸国やその向こうにも広がると、地元の原料、そして文化的要因にも合わせて変えられた。筆記に羽ペンが使用されていたアラブ（そして西洋）の国々では表面が滑らかなものが必要とされたのに対し、筆が使用されていた中国、日本、韓国では表面が粗くてもよかった。中世のシルクロードぞいで用いられていたのと同じ製紙の職人技を、今日のウズベキスタンなどの国々でまだ見ることができる。[7]

紙幣

マルベリーの樹皮を使った中国のもうひとつの革命的な発明が紙幣で、よく知られているように、13世紀のヴェネツィア商人マルコ・ポーロにより、元の時代（1271～1368年）にフビライ・ハーンのもとを訪れた旅で見たと記録されている。マルコ・ポーロは次のように述べている。

> カムバルク市には大汗の造幣局がある。……さて、大汗は貨幣をつぎのようにして作る。まず、ある種の木、実はその葉を蚕が喰べる桑の木のことだが、その樹皮をはがしてくる。それから幹と樹皮との間にある薄い内皮をとって、これを裂き、膠《にかわ》をまぜて糊《のり》のように搗《つ》いてしまう。これを紙のように薄くひき伸ばすが、できたものは真黒だ。紙ができ上ると、こんどは大小さまざまな大きさに裁断する。それは一様に横よりも縦の長い矩形《くけい》をなしている[8]［『マルコ・ポーロ東方見聞録』青木一夫訳／校倉書房］。

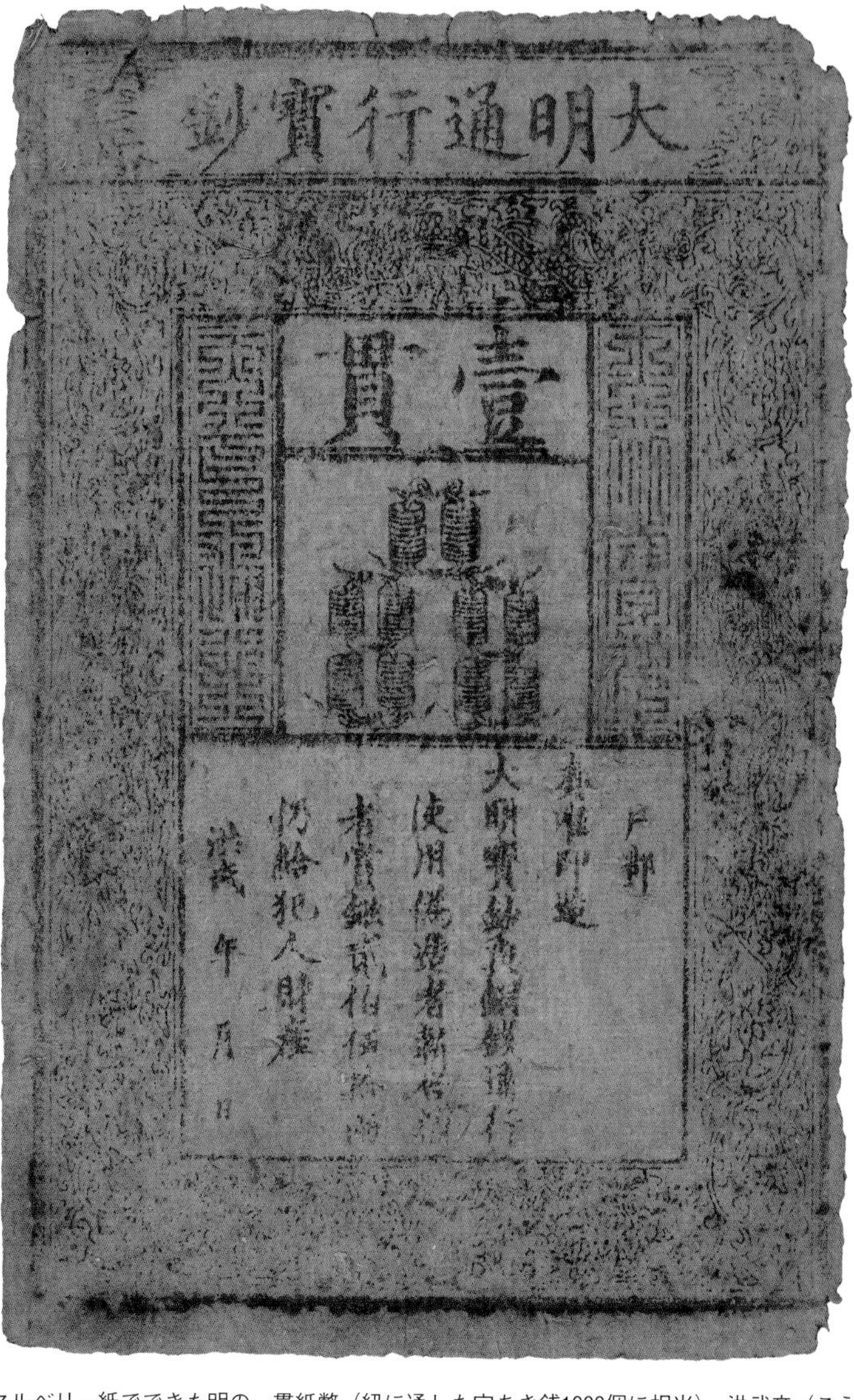

マルベリー紙でできた明の一貫紙幣（紐に通した穴あき銭1000個に相当）、洪武帝（こうぶてい）の時代、中国、1375年。

これらの紙片には大汗《たいかん》の印が押され、役人が名前を書き印を押して「純金または純銀の貨幣と同等の権威を附与されている」紙幣になり、これを偽造した者は「極刑」に処される。[9] 蘇易簡《そいかん》による10世紀の文書に、中国の北部では桑の樹皮（桑皮《サンピイ》）が紙を作るのに使われると書かれており、それはカジノキ（*Broussonetia papyrifera*）ではない。[10]

じつはもっとも早く作られた紙幣はずっと古く、唐代（618～907年）までさかのぼるが、実物が残っていない。元の紙幣をまねた明の紙幣が何枚か大英博物館と大英図書館のコレクションにある。キャロライン・カートライトと大英博物館および大英図書館の同僚たちが指摘しているように、この紙幣の正確な組成が学者たち関心を集めており、それは「マルベリー紙」という表現が容認しがたいほどあいまいだからである。

今日見られるこの紙幣の黒っぽい色とぐにゃりとしたようすからマルベリーの樹皮の繊維を加工したものだと考えられてきたが、次のどの種類のマルベリーかは不明である——*Morus alba*（ホワイトマルベリー）、以前は *Morus bombycis* とされていた *Morus australis*（チャイニーズマルベリー）、*Broussonetia papyrifera*（ペーパーマルベリー）、*Broussonetia kazinoki*（ジャパニーズペーパーマルベリー、楮[11]［和名はヒメコウゾ］）。

このためこの論文の著者たちは、紙幣の繊維を走査型電子顕微鏡で分析することにした。検査の結果は驚くべきものだった。

大英博物館と大英図書館に所蔵されている明の紙幣の製造には、ホワイトマルベリーとペーパーマルベリーが使われていたが、ほかにも竹、稲わら、麦わら、ハイビスカス、麻繊維など多くの原料が利用されていた。これらの紙幣はこれまでマルベリーの樹皮（分類群は不明）から作られていると思われていたので、この結果には重要な意味があり、現在進行中の専門家による調査の出発点となり、そこから新たに好奇心をそそる挑戦しがいのある道が始まると期待されている。[12]

◉染料

ブラックベリーの実を摘んだことのある人なら誰でも、いかにたやすく――手、服、敷石、そのほかほとんど何にでも――染みができるか知っているだろう。このことは、在来種であろうが導入されたものであろうが桑が生えているところならどこでも、職人たちに見逃されることはなかった。ペンシルヴェニア州に本拠を置くクレヨラは、100年の歴史をもつクレヨン会社で、1958年から色の種類のひとつとして「マルベリー」――ブラックマルベリーの実の独特の暗赤色――を扱っていたが、2003年についにこの色は「引退」した。古英語の「マーリィ」はブラックマルベリーの色に由来し、15世紀のヨーク家のお仕着せの色に使われた。1895年に出版されたトマス・ハーディの小説『日陰者ジュード』［川本静子訳／国書刊行会／1988年］で、メルチェスターでジュードに会ったとき、スー・ブライドヘッドは「小さなレースの襟のついたマーリィ色の洋服を着ていた」。[13]

フロリダ北部のアメリカ先住民であるティムクア族は、レッドマルベリーの葉、小枝、実を使っ

ブラックマルベリーはあらゆるものに染みをつける。

て染料を作ったし、インターネットには、フランスやオーストラリアからラオスやタイまで、桑の実を使った天然染料の現代の作り方がたくさん載っている。プランツ・フォー・ア・フューチャー（PFAF）のデータベースには、ホワイトマルベリーの幹から褐色の染料が得られると書かれている。[14] 赤紫色から暗紫色《あんししょく》の染料がブラックマルベリーの実から得られ、黄緑色の染料が葉から得られる。化学分析により、マルベリー染料の活性物質としてモリンとルチンというフラボノール類のほか、材に存在し金色や黄色を生み出すムルベリンというフラボンが分離されている。[15]

血のように赤い果汁は、戦いで敵を怖がらせるために使われてきた。旧約聖書外典の「マカバイ記1」第6章によれば、セレウコス朝シリアの少年王アンティオコス5世エウパトルと摂政のリュシアスが、ベトツル（エルサレムから29キロ、ヘブロンの山中）を包囲した。これに対してユダ・マカバイが挙兵し、ベツレヘムの南にあたる、近くのベトザカリアに陣を敷いた。アンティオコスとリュシアスは、10万の兵と馬2万頭、象32頭の大軍を率いてユダとの戦いにおもむいた。

王は朝早く起き、士気盛んな軍隊をベトザカリアへ向けて出立させた。兵士たちは戦闘準備を整え、ラッパを吹き鳴らした。そしてぶどうと桑の赤い汁を象たちに見せて、戦いに向かわせた。（「マカバイ記1」6章33〜34節）

ユダの弟のエレアザル・アワランが、最後に勇気を示して剣で突き殺した象の下敷きになって死に、マカバイ軍は後退して、結局、勝利するのは別の日になる。

学者のなかには、聖書の記述を文字通り受け止めて、血のように見えるもの（たとえば桑とブドウの汁）を見せて象を興奮させて戦わせたのだと考える人もいる。だが、「見せた」というのはヘブライ語の誤訳で、じつはブドウと桑を発酵させて作ったワインを象に与えたのだと考える人もいる。こうして酔っぱらった象が戦闘を始めると、とんでもなく危険になるだろう。

19世紀の自然哲学者ヴィクトル・ヘーンは、ものを染める桑の性質のもっと穏当な使用法についいて、「贅沢好きな貴婦人や仮装パーティに行く陽気な人々は、額や頬に桑の果汁を塗った。そして、南部で今でも習慣になっているように、顔色が悪いときに飲むワインも、きっと赤い果汁で黒っぽくなっていただろう」[16]と書いている。ちなみに、夏に熟したブラックマルベリーを採りに行こうと思っている人のために書いておくと、紫色の染みを皮膚や衣服から落とすには、つぶした未熟な桑の実（または桑の葉）でこするとよい。

◉食品と栄養

ブラックマルベリーの実は、原産地の中央アジアや中東で育ったものであろうと、あとから導入された遠く離れた国々のものであろうと、汁気が多く酸味のきいた甘さで広く珍重されている。熟した実があるのは夏の1ヶ月かそこらなので（そしてそのときは多すぎるくらい豊富にある）、昔から、熟した実が現れるとたちまち収穫の騒動が始まる。イランからアゼルバイジャンまで、子供たちは幹をよじ登ったり枝を揺すったりして、樹冠の下の地面に広げた網や毛布の上に、熟した実を落とす。

ロンドンでさえ、桑の実を伝統料理に使う一部の民族コミュニティーでは、誰でも近づくことのできる成熟した桑の木の秘密が固く守られていることがある。だから、インフィールド（ロンドン北部）にある大邸宅の古い桑の木に地元のトルコ系住民が登り、チャールトン・ハウス（ロンドン南東部）にある樹齢400年の木で地元のネパール人の家族が実を集め、それがたいてい料理人が手作りパイを作るために実を手に入れる前なのだ。もともとはトッテナム（ロンドン北部）のフレンド派の共同墓地にある1本の木に由来する何本かのブラックマルベリーも、「トッテナム・ケーキ」と呼ばれる伝統的なスポンジケーキのアイシングをピンク色にするのに使われる。

古代ローマの人々が宴会でブラックマルベリーを食べていたことがわかっている。すでに述べたように、ローマの詩人ホラティウス（紀元前65〜前8年）は、朝のうちに摘むよう勧めている。

強い日差しの射す前に
摘んだばかりの黒苺を
朝飯の後で食べておけば
夏を丈夫に過ごすだろう。[17]

［黒苺はブラックマルベリーのこと。「風刺詩」『ホラティウス全集』所収／鈴木一郎訳／玉川大学出版部］

ローマ人は、ヨーロッパを徐々に征服していくにつれ、その先々にブラックマルベリーをもたらした。それはおもに果実を目的に栽培され、都会に住む裕福な人々の木であり続けたようだ（よくいわれるように軍のものではなかった[18]）。

961年に完成した中世アンダルシアの文書、コルドバ歳時記には、当時のイベリア半島にあったイスラムの邸宅の壁に囲まれた庭での果物と野菜の栽培について、実際的なアドバイスが書かれている。ブラックマルベリーにも言及しており、その実は甘いシロップを作るのに使われた[19]。同じ頃、イングランドではアングロサクソン人が蜂蜜とマルベリーの果汁からモラットと呼ばれる一種の蜂蜜酒を作っていた――ただし、ハーブ研究家で園芸家のモード・グリーブは、ここでいわれているモルムはブラックベリーだったのかもしれないと考えている。[20] 17世紀の日記作家ジョン・イーヴリンはこのことを知っていたようで、「飲み物についていえば、ベリーの果汁とシードル用のリンゴを混ぜると、色の点でも味の点でもすばらしい酒ができる」[21]と書いている。グリーブも『現代の本草書 *A Modern Herbal*』に、「東洋では、桑は非常にたくさん実をつけ、有用である。熟したら集めて、屋上で天日干しにし、冬にそなえて保存する。カブールでは、砕いて細かな粉にし、小麦粉と混ぜてパンを作る」[22]と書いている。しかしジョン・イーヴリンはこの使用法に、「シリアではそれ〔桑〕からパンを作るらしいが、それを食べると男性の頭が薄くなるというのを読んだことがある」[23]という注意書きを添えている。

ホワイトマルベリーの実はブラックマルベリーの実ほど高く評価されていない。17世紀のフランスの絹と桑の専門家であるオリヴィエ・ド・セールは、ホワイトマルベリーについて、「その実は、気の抜けたような甘さで、あまりおいしくなく、そのため味を楽しむことをやめた女性、子供、飢饉のときの貧しい人々以外、食べられたものではない」[24]と書いている。しかし、ホワイトマルベリーも種類によっては黒い実をつけるものがあり、甘すぎるわけでも風味がないわけでもなく、パイ、シャーベット、ジャムにも使われる。ホワイトマルベリーには、熟した実を乾燥させて保存できるという、ブラックマルベリーよりすぐれた点がある。ローチョコレート〔48℃以下の低温で作られる栄養豊富なチョコレート〕でコーティングして、ちょっとめずらしいお菓子として、健康食品の

タジキスタンでデザート用の桑の実を集めているところ、2011年。

店で売られることもある。

スペインの探検家エルナンド・デ・ソトが1540年に記録しているように、アメリカ先住民は自生しているレッドマルベリーを食べていた。このとき彼は、ジョージア州にあるマスコギ族の村で、栽培されている桑が密生する林を見ている。[25] イロコイ族はこの実でケーキを作り、冬に食べるために保存した。一方、チェロキー族は実に砂糖とトウモロコシ粉を混ぜてダンプリングを作った。

17世紀の哲学者で政治家のフランシス・ベーコンは、当時、イングランドで流行していた桑に夢中になっていたようで、ロンドンのカノンベリーにあった自宅に木を植えたらしく、現在もそこに生えている。ベーコンは桑、とくにブラックマルベリーに、イスラエル人が40日の間、砂漠を旅したとき神から与えられた食べ物を思わせるマナが、豊富に含まれていると述べている。

カラブラリアのマナが最良で、もっともたくさんある。桑の木の葉から集めるが、谷に生えているような桑の木ではない。そしてマナは、ほかの露と同じように、夜に葉の上に落ちる。そうした露は谷の木に降りる前に消え、持続しないようだ。また、桑の葉自体に凝固させる力があって、露を濃縮し、そのためほかの木では見つからないのだろう。その葉を食べる蚕を見れば、どんなにおいしい滑らかな汁をもっているかわかる。そして葉も、とくにブラックマルベリーの葉は、いくぶん剛毛があり、それが露を保つのを助けるのかもしれない。確かに、山に生える木や草の上に降りる露のほうがもう少しよく目にするというのは間違いではない。多くの露が降りるかもしれないが、谷に来る前になくなってしまうのだ。思うに、薬のためにはもっともよい5月の露を集め、丘から集めるべきだ。[26]

近年の国連食糧農業機関（FAO）は、とくに開発途上国における桑の葉と枝の豚や牛の飼料としての使用の推進に協力し、桑に栄養的価値があることを力説している。[27] 19世紀にヨーロッパの養蚕ブームがピークに達して崩壊したとき、農民たちはまさにその用途で桑の木を利用した。それは東ヨーロッパで今日まで続いている。

トルコではブラックマルベリーもホワイトマルベリーもシャーベット、ケーキ、ブラウニー、クランブルの材料に使われているし、煮詰めてペクメズ――一種のシロップで、タヒニ（ゴマのペースト）と混ぜて朝食に出したり、貧血の治療に使ったりする――を作る。[28] 確かに、桑の実にはかなりの量の鉄分が含まれている。興味深いことに、すでに見てきたように、トルコの養蚕は19世紀に微粒子病と日本の安価な絹が入手可能になってきたことのダブルパンチを受けたのだが、トルコは危機をチャンスととらえた。徐々に養蚕をやめていったときも、トルコの農民はフランスの農民がしたように桑の木を抜く――あるいは放棄する――ことはしなかった。むしろ、新たに利益になる果物の市場が開くのが見えたのである。

ホワイトマルベリーの実は摘んでも崩れないので、市場で生のものを売ることができ、乾燥させて国内向けに売ることも輸出することもできる。果実の主要輸出国であるトルコは、年に約7万トンのホワイトマルベリーを生産している。最近では、トルコにおける桑栽培――かつては港湾都市ブルサの周辺に集中していたが、今は国中に分布している――の大部分が果実を目的に行われている。

◉医薬

食物、栄養、医薬の間につながりがあることがよく知られている。たとえば、中国の伝統医学では、病気はアンバランス――温と冷、陰と陽、男性と女性、剛と柔の間の――の観点から理解される。逆に健康はバランス――食べるもの、体と心の間などの――を確かなものにすることにより維持される。したがって中国の健康的な食事はさまざまな栄養を取り入れてバランスを維持することを狙っており、一方で伝統医学の治療は栄養を足したり引いたりしてアンバランスを正す。ほとんどどこにでもある桑は、中国伝統医学で重要な役割を果たしている。

桑の木のほとんどすべての部分――葉、果実、樹皮、根――が、何千年も前から世界のさまざまな地域で、歯痛や蛇の咬み傷から喉の痛みや糖尿病まで、さまざまな病気の治療に使われてきた。トマス・モフェットは1599年の農耕詩『蚕と養蚕 *The Silkwormes and their Flies*』で、医薬としての広範な利用法をまとめて次のように述べている。

それがどんな働きをするか話すことにしよう。
毒蛇の牙やトカゲによる傷の毒を癒やし、
口蓋、顎、そして炎症を起こした喉の
焼けつくような膿疱を治し、痛みをまぎらわし、
固い潰瘍も、どんな困りものも誘い出し、
壊疽《えそ》でつま先が腐るのを止める。
要するに、パンドラの箱から悲しみは少ししか飛び出さない
そこにあるのは薬、古いのや新しいのや。

その血は甘いワインになり、
弱った肺や胃を丈夫にし、
房状の実は最高の料理になり、

軟らかい種子が石を粉々にする
葉も時間をかけて作り変えられ
誇り高き王が自らかき集める。
こうしてそれは食事と飲み物と薬、そして布を与える、
怠惰におぼれていないすべての人に。

桑の医薬としての用途をまとめた最近のものに、すばらしいことが書かれている。ホワイトマルベリー（*Morus alba*）のさまざまな部分が象皮病と破傷風の治療に有効なことが発見されたというのである。抽出物は鎮痛剤、鎮静剤、殺菌剤、収斂剤、発汗剤、血圧降下剤、歯の痛み止め、抗リウマチ剤、利尿剤になり、若白髪、耳鳴り、失禁、便秘の治療に使えるかもしれないし、風邪、インフルエンザ、眼の感染症、鼻血、歯痛の治療に使われている。[29] モルトンブラウンが販売している現代のハンドローションにホワイトマルベリーの抽出物が入っており、その広告には、絹産業が崩壊したのちもまだ桑の木が生えている、フランスはセヴェンヌ地方の霧がかかった山々のイメージが使われている。

桑の各部位の医薬としての用途について、さまざまな社会の人々が同じような結論に達し、その主張が信用できるものであることが裏づけられているのは興味深いことである。それでは、上から始めよう。

眼

中国伝統医学では、桑のあらゆる部分が肝臓のアンバランスを治すのに使われ、したがって肝臓の「窓」である眼の治療に使われる。桑の実の栄養分析により、ルテインとゼアキサンチンが豊富に含まれていることがわかっており、このふたつの物質は、はっきりとした中心視力をもたらす網膜の黄斑（中心窩）に選択的に吸収される。

口、歯、喉

ジョン・イーヴリンは桑の実の「傑出した特質」に言及して、「朝食べると腹を緩くし、メル・ロザルムと混ぜれば口と喉の炎症と潰瘍を治し、調合にあたっては熟しすぎないうちに摘むとよく効く」[30]と述べている［メル・ロザルム（*Mel rosarum*）は「バラの蜂蜜」という意味。バラの花びらを蜂蜜に漬け込んだローズ・ハニーのことか］。

大プリニウスは『博物誌』で、桑の根につぶしたミミズと酢を混ぜたものに同じような効果があると書いている。

地虫を油で煮詰め、歯痛のある側の耳に注入すると治る。また地虫を焼いた灰を腐った歯に詰めると、その歯は容易に抜ける。そして健全な歯に塗ると、その歯のどんな痛みも治す。それはしかし焼物の器で焼かねばならない。またそれを、クワの根とともにカイソウ酢に入れて歯を洗うのも有効だ。[31]［『プリニウスの博物誌 第Ⅲ巻』中野定男・中野里美・中野美代訳／雄山閣出版］

プリニウスは何度も「ストマティケ」に言及しており、口の痛みを治す薬という意味で使っている。

昔の人々がどう調合していたかも述べねばならない。熟したクロミグワの実と未熟なクロミグワの実のそれぞれの汁を搾って混ぜ、銅の容器で煮てハチ蜜の固さにする。そこにある人々はミルラとイトスギを加え、へらで一日に三回かきまわし、日に当てて干しあげていた。これはストマティケであった……［『プリニウス博物誌 植物薬剤篇』大槻真一郎編／八坂書房］

同じ節で彼は、「収穫期にクロミグワの根に切れ込みを入れると液が出るが、これは歯の痛み、腫れ物、化膿を癒やすのに最適で、（下痢を起こさせて）腹の中をきれいにする」[32]［『プリニウス博物誌 植物薬剤篇』大槻編］とも述べている。この治療法の変形が、16世紀のイギリスの植物学者で医師で薬剤師、ウェールズ大聖堂の首席司祭で、造園家としてサイオン・ハウスでサマセット卿に仕えたウィリアム・ターナーに伝わったらしく、彼は次のように書いている。

痛い歯を樹皮と葉を煮た汁で洗うと、痛みを消すのによい。収穫の最後頃に根を切ってきざみ目を入れ、あぶって焦がし、ぐるりに溝をつけておくと、汁が出て、翌日には塊になるかひとつにまとまっているだろう。この汁は歯痛に非常によく効く。腫れ物を散らして消し、便通をよくする。[33]

プリニウスはほかにも桑の実を使った口と喉の治療法を示している。

クロミグワの実からは万能のストマティケができ、アルテリアケと呼ばれている。それは次のようにして作る。クロミグワの実から取った汁を三セクスタリウス（約一・六リットル）、ハチ蜜の固さになるまでとろ火にかける。その後、乾燥したオンファキウムを重さにして二デナリウス（約六・八グラム）、あるいはミルラ（没薬）を一デナリウスとサフランを一デナリウス加える。これらを一緒に磨り潰して混ぜ、前述の煎じ薬と混ぜる。これほど口や気管、口蓋垂、胃（あるいはここでは食道）によい薬はほかにない。別の作り方もある。クロミグワの実の汁二セクスタリウスと、アッティカハチ蜜一セクスタリウスを今述べた方法で煎じるのである。[34]［『プリニウス博物誌 植物薬剤篇』大槻編］

面白いことに、ギリシアに生えている植物の薬理効果に関する20世紀の手引書で、口腔内潰瘍や口の粘膜の炎症の治療に、新鮮な実を使うか、マルベリー・ハニーを作ることを推奨している。[35]

胃と腸

ウィリアム・ターナーは、こんどは10世紀のペルシアの博識家、イブン・スィーナーを引用して、「桑の葉は化膿性扁桃腺炎の最高の治療薬で、窒息を防ぐ」と書いている。そして次のようにつけ加えて、ローマ帝国時代（2～3世紀）に活躍したギリシアの医師ガレノスが『食物の機能につい

て *De facultatibus alimenentorum*』に書いた治療法を紹介している。

熟した桑の実は確かに腹を軟らかくする。しかし、未熟な実を乾燥させたものは下痢止めの薬で、血性下痢〔つまり赤痢〕やそのほかの下痢に効く。胃を治したいときは、つぶしたものを食事に混ぜたりかけたりして食べる。それか、ワインや水とともに飲んでもよい。[36]

ジョン・イーヴリンも桑が「腹を緩くする」のに有効であることに同意し、プリニウスは乾燥した実から搾った汁が「内臓を収縮させねばならないあらゆる場合に用いられていた」[37]〔『プリニウス博物誌 植物薬剤篇』大槻編〕と書いている。

コマンチ族をはじめとするさまざまなアメリカ先住民が、在来のレッドマルベリーを赤痢の治療のためと利尿薬として使った。チェロキー族は、桑の皮を浸した液を、便通をよくして腸内の寄生虫を除くために飲んだ。ウィリアム・ターナーも（ガレノスを通して）知っていて、「根の皮にはある程度の苦みがあるがすぐれた下剤の効果があり、その結果、寄生虫を殺すことができる」[38]と書いている。

虫《ワーム》の問題については――腸ではなく皮膚の問題だが――ラッパハノックのアメリカ先住民はレッドマルベリーの汁で皮膚をこすって白癬《リングワーム》を治療したが、このやり方はチェロキー族やコマンチ族にも知られていた。

血液

薬草や医薬の論文で、（おそらく血液を凝固させることにより）出血を止めるための桑の各部の使用法が言及されている。多くの場合、重い月経の治療に使われるときはとくに、魔法や迷信の要素が加えられている。たとえばプリニウスは次のように述べている。

発芽が始まり、まだ葉が出る前に、将来果実となる部分を左手でもぎ取る。ギリシア人はそれをリキヌスと呼んでいる。これを地面に触れさせないようにし、お守りとして身につけると、傷からであれ、口からであれ、鼻からであれ、痔によるものであれ、血が出るのを止める。そのため、リキヌスを蓄えて保管しておく。

満月の時、実をつけはじめたクロミグワの枝を、地面に触れないようにして折り取ったものも同じ効果をもたらし、とくに女性の腕の部分に結びつけておけば、過剰な月経に効く、といわれている。女性がみずから枝を地面に触れないようにして折り取り、お守りとして身につければ、（満月の時でなくとも）いつでも同じ効果をもたらすと考えられている。[39]［『プリニウス博物誌 植物薬剤篇』大槻編］

もっと難解な書き方をしたものが、中世英語で書かれた10世紀の『四足動物の医学 *Medicina de quadrupedibus*』にある。

出血に対しては、すべての人にとって、月が17夜のとき、日が沈んだのち、桑の木と呼ばれる木のところに来て、それから左手の2本の指で実を取る。このとき親指と薬指を使って、まだ赤くなっていない白い実を取る。それからそれを上へ上へと持ち上げると上半身に有効である。再び下ろし、その上におじぎをする。それは下半身に効く。実を取る前に、「われ、なんじを取る」などの言葉をいう。こうした言葉をいったら、実を取って、紫色のきめ細かな布で巻き、この薬が水にも土にもふれないように注意する。必要なとき、そして上半身が何か痛みや障害で苦しいときは、額に［それを］結びつける。下半身の場合は、子宮のあたりに結びつける。

月経出血の場合、女性に、その前にもあとにもほかの人が使わない櫛でひとりで自分の頭髪をとかさせる。桑の木の下で、その女性に髪をとかさせ、櫛についたものを集めさせ、それを桑の木の直立した枝に掛け、しばらくして、清浄なときに彼女に［枝から］それを集めて保存させる。それが彼女、つまりそこで髪をといた者にとっての薬である。浄化されていない女性を浄化したいなら、髪から膏薬を作ってそれをいくらか乾かして体につけさせる。そうすれば彼女は浄化される。[40]

インドのアーユルヴェーダ医学では、在来種の桑（*Morus indica*、インドグワ）が、血圧を下げコレステロールを減らすための治療で使われている。これには科学的根拠がありそうだ。アメリカ農務省（USDA）は、桑も含めあらゆる種類の食品の栄養成分の詳細な分析結果を公表している。[41]

これを栄養士のウメシュ・ルドラッパが要約し解釈しており、役に立つだろう。[42]

生の桑の実には、カルシウム、マンガン、マグネシウムといったミネラルが豊富に含まれている。カルシウムは心拍数と血圧をコントロールするのに役立ち、マグネシウムは抗酸化酵素である活性酸素分解酵素の補助因子である。果実にはレスベラトロールも含まれており、これはポリフェノールのひとつで抗酸化作用のあるフラボノイドである。この物質は、分子レベルのメカニズムを変化させて血管の収縮を抑える一方で、血管を拡張させる働きのある一酸化窒素の産生を増やして、卒中のリスクをある程度低減する働きをする。

クワ属（*Morus*）のなかでもとくに暗紫色や赤色の実をつける種類の場合、果汁に鉄分が高濃度に含まれ、貧血に対して有効である。これは、トルコのように桑が豊富にある国（本章の前半を見よ）では、よく知られ普及している治療法である。

代謝異常、糖尿病、痛風

イギリスの植物学者で本草学者のジョン・ジェラード（1545～1612年）は、桑の実が手に入らなかったらどうなるか説明して、痛風の治療に桑がどれほど役に立つか書いている。

アテナイのヘゲサンドロスは、彼の時代に桑の木が20年続けて実をつけず、そのときひどい痛風が流行し、成人男性だけでなく少年、少女、宦官、女性もこの病気に悩まされたと明言している。[43]

しかし、おそらくもっとも興味深くよく研究されている桑の健康上の利点は、血中糖度を下げるための使用、したがって2型糖尿病とそのほかのいくつかの代謝異常の治療への利用に関するものである。多くの点で、これは明らかに可能性のある治療的利用法であった。というのも、桑の汁液は、まさに糖を吸収する経路を妨げることによって、カイコガ（*Bombyx mori*）の幼虫を除くほとんどすべての食害昆虫を殺すからである。この作用はしばらく前から知られていたため、研究がかなり進んでおり、異なる種の桑のさまざまな部位について生理活性成分の分離と分析が行われている。[44]

中国伝統医学は古くから、乾燥させたマグワ（*M. alba*）の葉を煎じたものを、2型糖尿病の治療に使ってきた。その症状である喉の渇きと頻尿は、「陰虚」と呼ばれる病的状態の特徴とされている。今では、桑の葉はさまざまなアルカロイド、フラボノイド、多糖類、アミノ酸を含んでいて、特有の抗糖尿病（血糖減少）作用を有することが知られている。[45]

生の桑の実は、フリーラジカルの作用を打ち消すビタミンCやそのほかのビタミンなど、あらゆる種類の抗酸化物質を大量に含む。フリーラジカルは反応性の高い悪玉分子で、体に害をもたらすことがあり、2型糖尿病、関節炎、心臓病、癌などの人間の病気で一定の役割を果たしていると考えられている。

解毒剤

蛇毒およびその他の毒に対する桑の解毒作用がしばしば吹聴されてきた。モフェットの場合、桑は「毒蛇の牙やトカゲによる傷の、毒の治療薬になる」[46]と述べている。ウィリアム・ターナーは「樹皮がヒヨスの毒に対するトリークル〔解毒剤〕である[47]」と主張している。彼は「膿胞の大きさに応じて葉の汁をつければ、毒グモに咬まれたときのよい治療薬になる[48]」という意味のことも書いている。そして、大プリニウスは次のように書いている。

クロミグワの葉を磨り潰したもの、あるいは乾燥した葉を煎じたものを、ヘビに咬まれた傷に塗り込む。またこれを飲んでも、何らかの効果がある。クロミグワの根の皮の液をブドウ酒か、水で薄めた酢に混ぜて飲めば、サソリの毒消しになる。[49]〔『プリニウス博物誌 植物薬剤篇』大槻編〕

◉木材

桑が生えているところならどこでも、人々はその木材のさまざまな用途を見つけ出してきた。18世紀にマスコギー（クリーク族）から分かれて、現在のフロリダに定住したセミノールというアメリカ先住民の部族は、レッドマルベリーの枝を使って弓を作った。その木材はボート、桶、家庭で使う小物にも使われた。18世紀中頃にカロライナとフロリダを旅したアメリカの博物学者ウィリアム・バートラムは、放棄された先住民の村で、果樹園で栽培されていたレッドマルベリーを見かけている。

楽器

堅木である桑は、日本から中央アジアやギリシアまで、何種類もの弦楽器（弦鳴楽器《げんめいがっき》）のボディー

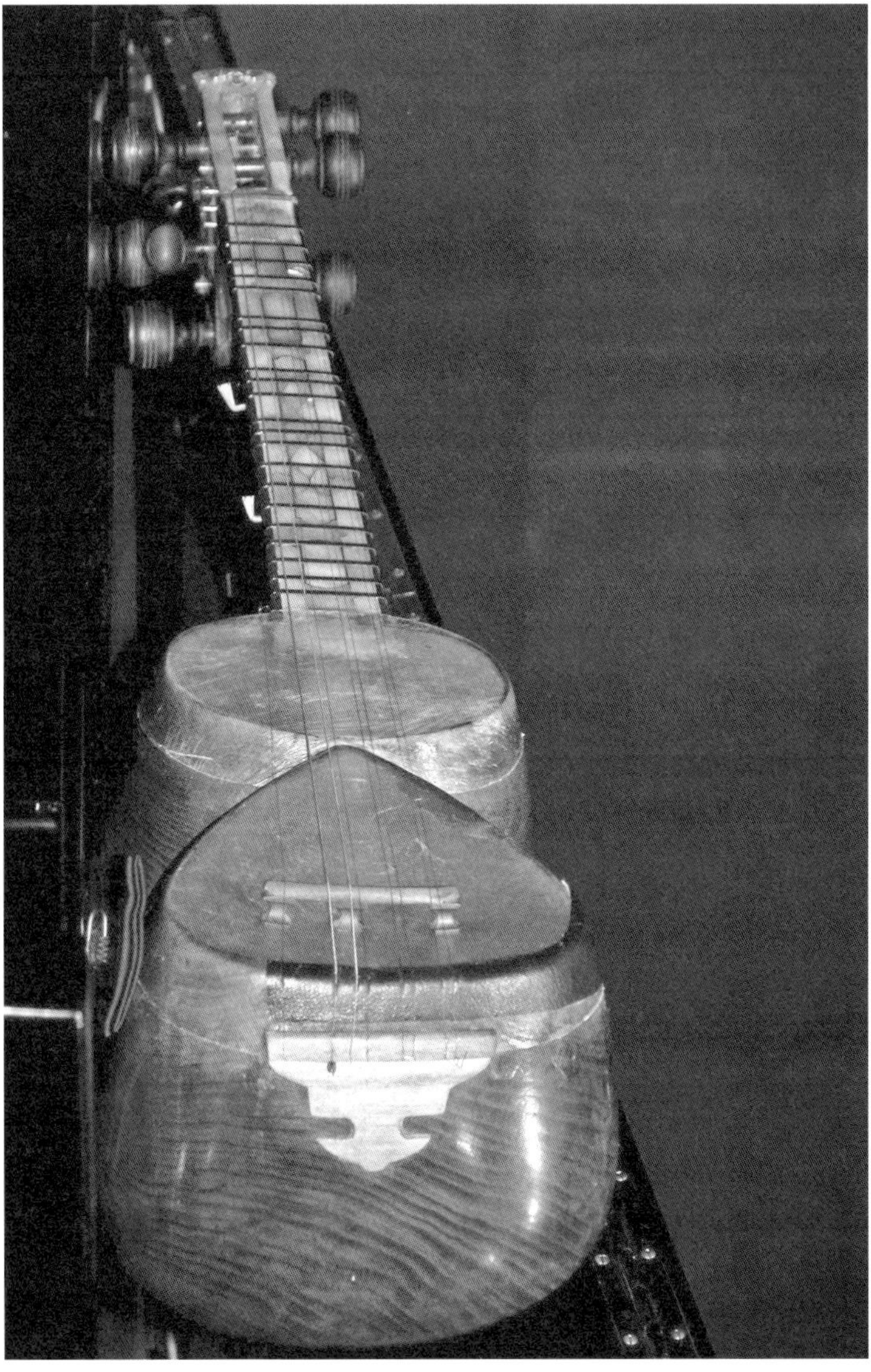

桑材で作られたアゼルバイジャンのタール

に使われている。ただし、耐久性があるということはあまり振動しないということで、普通はこうした楽器の共鳴板には使われない。例外が日本の薩摩琵琶で、この楽器のすべての部分がホワイトマルベリーからできている。ただし、共鳴板によく共振する材料を使うほかのリュートとは異なり、琵琶の場合はやさしくかき鳴らすのではなく、木製のバチで強くたたいて演奏する。[50]

中央アジアやシルクロードぞいの国々では、桑材（多くの場合 *M. alba*）が、クレタ島のリラ、トルコのサズ、イランのセタール、ギリシアのブズーキなど、多くのリュート状弦楽器のボディーに使われている。しかし、イラン、アゼルバイジャン、アルメニア、ジョージア、コーカサス地方内および周辺で見られる、腰部がくびれたボディーと長いネック（指板《しばん》）をもつ、タールという6弦の楽器ほど有名なものはないだろう。8世紀の中頃にペルシアに最初に現れたこの楽器のボディーは、普通、桑材――ホワイトマルベリーまたはブラックマルベリー――の中身をくり抜いて作られ、古いものほどよい。共鳴板は伝統的に牛の心臓を包む薄い膜から、ネックはクルミの木から作られる。

「棹の長い弦楽器、タールの製作技能と演奏」が、2012年にユネスコの無形文化財に登録された。タールの6本の弦は伝統的に絹で作られ、アゼルバイジャンでは桑は神聖な地位を獲得した。この楽器にはまったく質素なものもあれば、螺鈿《らでん》や象牙、象嵌《ぞうがん》細工がはめ込まれた美しいものもある。アゼルバイジャンには、バラバンという、桑材から作ったオーボエのような管楽器もある。

桑から作られたさらに古い時代の中央アジアのリュートがアフガニスタンのルバーブで、その起源は少なくとも7世紀までさかのぼることができる。伝統的に、弦楽器職人の親方は、新しいルバーブの製作の前とその最中に、一連の儀式的行為をする。まず体を清めてお祈りしたのち羊を1頭犠牲にして、その皮をはいで肉を料理し分け合う。羊の腸はよけておいて弦にし、皮はひき伸ばして共鳴板に使う。年を経た桑の木（またはアンズ）から取った適当な木材を10～15日間水に浸けて、ひびが入るのを防ぐ。100年以上たったパミール人の家で桑のルバーブが見つかることがある。[51]

トルコでは、サズ——桑、クルミ、シデ、ネズ（ときには装飾的効果を狙って2種類を細長く交互に使うこともある）から作った弦楽器——は、男性にとって妻、馬、武器と並んで大切なものであり、壊しでもしたら大変なことになる。[52]

家具と木製品

ジョン・イーヴリンが有名な『シルヴァ、森の木と樹木の増殖について *Sylva or Discourse of Forest-trees and the Propagation of Timber*』（1664年）を書いていた頃、イングランドにはこれといった大きさや樹齢の桑の木はほとんどなく、このため桑材については通り一遍の言及しかない。この本の桑に関する章は大部分が蚕の餌にするための桑の栽培に割かれており、（当時も今も）イギリスにはまったくないといってもよいホワイトマルベリー（*Morus alba*）の長所を絶賛している。それでも彼は、桑（ブラックマルベリー）材の「耐久性」は指物師や大工にとって、「そしてオークなどの代わりに、たが、弓、車輪、さらには小型船の肋材を作るのに、比べ物にならない利点[53]」があると述べている。

イーヴリンはホッケーのスティックを作る桑材の伝統的な利用法には言及していないが、おそら

ブラックマルベリー材の木目

く当時、この競技は行われていただろう。ホッケーの起源について確かなことはわからないが、羊飼いの杖を意味するフランス語の hoquet（オケ）から英語の hockey が生まれた可能性があり、それが手掛かりになるかもしれない。羊と桑はどちらも、フランスのセヴェンヌ地方ではよく見かけるものである。

4世紀ほどのちに、イギリス屈指の家具製造会社、ティッチマーシュ&グッドウィンの取締役であるピーター・グッドウィンも、情報満載で贅沢に図版の入ったスティーヴン・ボウの著書『マルベリー *Mulberry*』の序文で、同じように桑材を勧めている。ブラックマルベリーの木材は、「木目模様が複雑、凹凸のある形状になる可能性が高い、時がたつにつれて徐々に暗くなる金色といった、非常に好ましい特質[54]」を有していると述べているのだ。イーヴリンの時代の若い桑の何本かが今日では成長して節くれだった倒れかけた老木になっているが、グッドウィンによれば、それらは通例、所有者によって非常に大切にされ、その木材をイギリスの家具メーカーや職人が手に入れることはまずできないのだという。しかし、1987年にハリケーンによって桑の古木が何本も倒れたときは、しばらくの間、事情が変わり、突然、探し求めていた稀少な木材が手に入るようになった。ときにはテーブルの天板や大きな家具を作れるほど十分にあることもあるが、たいていはこの木材は「トリーン」（小さい実用的な木製品）を作るのに使われる。

シェイクスピアの小箱

こうした木製品の有名な例が、ストラトフォード＝アポン＝エイヴォンにあるウィリアム・シェイクスピアのニュー・プレイスの家に１６０２年頃生えていた、ブラックマルベリーの木材から作られた小箱である。現在、大英博物館にあるこの小箱は、巻き物と、やはりこの詩人の桑の材木から作られたゴブレットとともに、１７６９年に偉大なシェイクスピア劇俳優デイヴィッド・ギャリックに贈られ、このとき彼はストラトフォード＝アポン＝エイヴォンの名誉市民に推挙された。ギャリックは贈呈式のために次のような歌を書いた。

見よ、この美しきゴブレットを。それはかの木から彫られた。
ああ、親愛なるシェイクスピア、あなたが植えた木。
形見として口づけし、祭壇に向かっておじぎをしよう。
あなたの手からもたらされるものは、このうえなく神聖にちがいない！

続いてコーラス。

この桑の木にまさるものはなく、
なんじに対し腰をかがめ、
桑を賛美する。
比類ないのは彼
なんじを植えた人、

そして彼のようになんじは不滅！[55]

詩人のウィリアム・クーパー（1731〜1800年）も、詩「課題」のなかでシェイクスピアの桑の木とギャリックの箱に言及している。

桑の木にきれいな花輪をみんなが掛けた。
桑の木を囲んでみんなが陽気に踊った。
桑の木は妙なる調べで様々に歌われた。
ギャリックという火口《ほぐち》を通じて、桑の木は、
帰依者らが神聖視し、後生大事と保蔵する
数多《あまた》の聖遺物を残してくれた。[56]

［「課題」『ウィリアム・クーパー詩集』所収／林瑛二訳／慶應義塾大学法学研究会］

ギャリックのゴブレットと小箱を作る木材がどのようにして入手されたかという物語は、ちょっとした悲劇である。シェイクスピアの死から150年後、ニュー・プレイスは夏の別荘として、チェシャー州フロッザムの教区牧師であるフランシス・ガストレルの手に渡った。1756年にはストラトフォードは観光客に人気の場所になっていた。ガストレルは見知らぬ人々が庭をうろついて有名な桑の木の小枝を折り取るのにうんざりして、木を切り倒してしまった。それについて18世紀の

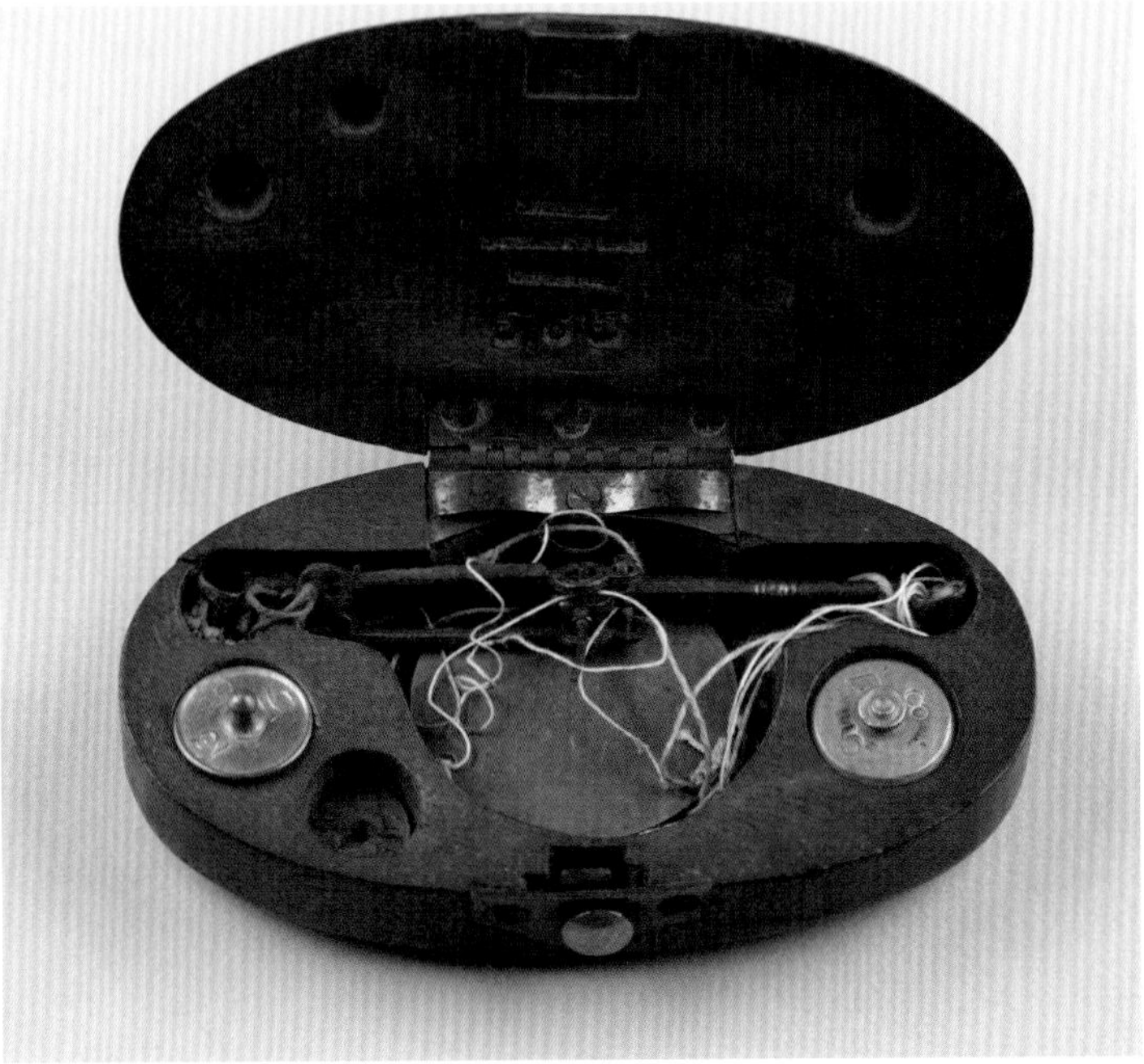

ストラトフォードのウィリアム・シェイクスピアの桑の木の木材で作られた携帯用の天秤

伝記作家ジェームズ・ボズウェルが「ゴシック的野蛮さ」を有する行為だと書いている。[57] 値段がつけられないほど貴重な地元の文化遺産が失われたことに腹を立てた地元住民が大勢、ガストレルの家の外に集まって、窓を何枚か壊した。しかし状況はますます悪くなる。ストラトフォードの当局が、庭を広げたいというガストレルの申請を却下したのだ。そして、彼が夏の間しかそこで過ごさないと抗議しても、まるまる1年間の税金を納めるよう要求した。腹を立てた牧師は1759年に家を取り壊し、それからまもなく町を出ていった。[58]

幸い、材木の大部分が、地元のトマス・シャープという時計屋兼工芸職人と、ジョージ・クーパーとジョン・マーシャルという製造業者の手に渡った。ギャリックの小箱とゴブレット以外に、この木材は嗅ぎたばこ入れ、ボタン、さらには小さな天秤のような、死者を偲ぶ小さな記念品を作るのに使われた。木材は、WSMT（William Shakespeare's mulberry tree）というイニシャルと1609年の文字が入ったテーブルの天板など、もっと大きな品物にも組み込まれた。

しかし、こうした品物の市場は、もうけになる偽造品の取り引きを助長し、一部の商品は――今日のコレクションにある品物さえ――、シェイクスピアの木どころか桑の木からさえ作られていなかった。ボウが指摘しているように、「シェイクスピアの桑の木の木材から作られたと主張されているものが、1本の木から作ることができる量よりずっとたくさん存在している[59]」のだ。

世界でもっとも高価な木材

日本ではホワイトマルベリーは比較的一般的で、その木材を家具に使う長い伝統がある。だが、

御蔵島（日本）という火山島の島桑の老木 —— 世界でもっとも高価な木材か？

非常に珍重される島桑材でできた将棋駒平箱、シャトワヤンスを呈している。

もっとも珍重されているのは、東京の南東にある小さな火山島群の山地にだけある特別な種類の桑材である。この「島の桑」の木材は「島桑《しまぐわ》」と呼ばれ、複雑な木目があって見事な製品ができる。

島桑はとくに、美しい伊豆諸島の御蔵島《みくらじま》と三宅島というふたつの島で取れるものをいい、そこは牧歌的なところだが、噴煙を上げる活火山の亜硫酸ガスが危険なほど高濃度になることもある。三宅島は、2000年に噴火に伴う火山ガスが原因で島民が避難しなければならなくなり、「ガスマスクの島」と呼ばれた。

島桑に使われる桑はハチジョウグワ（*Morus kagayamae* Koidz.）で、これはじつは東アジアのあちこちで見られるホワイトマルベリーの一般的な種で、東アジアでは *Morus bombycis* あるいは *M. australis*（チャイニーズマルベリーあるいはコリアンマルベリー）と呼ばれている。しかし、伊豆諸島の木の木材は樹齢1000年を超えることもあり、ほかの材には見

株式会社吉蔵の工房で働く熟練職人、日本。

られない特徴を有しており、それはじつは有毒な大気がもたらす環境ストレスのせいであり、ボウは次のように説明している。

この材はしばしば立体感があって、下のほうの木目は石を水に投げ入れたときの波紋のように見え、面白い模様と渦巻きがある。色は銀と金が組み合わさって、材が輝いてシャトワヤンスを呈し、半貴石のタイガーズアイ［ピーターサイト］にちょっと似ている。[60]

シャトワヤンスとは、フランス語で猫の目を意味するウィユ・ド・シャが変化したもので、表面の下の空洞と鉱物が光を反射して、絹のような輝きを発し、物体を動かすにつれて明るい帯状の部分が移動する、独特の性質をいう［「キャッツアイ効果」あるいは「変彩効果」とも

島桑（伊豆諸島の桑材）でできた吉蔵の指物和針箱、20世紀。

呼ばれる」。

島桑の材は、いろいろある茶道具のなかでも、茶筒、匙《さじ》、箸などでとくに高く評価されている。根付《ねつけ》を作るのにも使われる。根付とは、着物を着たときにポケット代わりの袋をしっかり留めるための、彫刻がほどこされた小さな留木《とめぎ》である。このめずらしい木材は、江戸時代（1603～1868年）の家具職人が、とくに部品を固定するのに金属のねじや釘ではなく複雑な継ぎ手を使う指物の伝統工芸品に好んで使った。かつては、島桑の木材は日本の皇室の家具などの木製品を作るためだけに使われていた。

この分野に精通した専門のメーカーが今でも現代の江戸風の指物家具に伊豆諸島の島桑を使っているが、調達するのが非常に難しくなった。伊豆諸島の木の個体数が減少し、ときには健康状態がよくない場合もあるため、この種は保護されるようになった。一部のメーカーはまだ材料を蓄えているが、今では比較的小さなものに使う傾向が強く、大きな指物家具の価格はさらに上昇している。日本では今日、この家具を作る職人たちは国の宝とみなされており、島桑は世界でもっとも高価な木材になった。[61]

◉景観樹としての桑

桑のあらゆる部分のさまざまな用途のほかに、この木は古くから、その独特の美しさやそれがもたらす日陰のためだけに育てられてきた。とくにブラックマルベリーは、樹齢50年でも古く見える。その節くれだった傾いた幹、垂れ下がった重い枝、広がる樹冠がこの木に、匹敵するものを見つけるのが難しい装飾的価値を与えている。キュー王立植物園のもとキュレーターのウィリアム・ビーンは、「芝生の上に立つごつごつした古い桑の木ほど、幸運にもそれがある庭に古風な魅力と威厳を与えるものはない」[62]と表現している。

ハットフィールド・ハウスのウエスト・ガーデンの四隅に植えられたブラックマルベリーは、ロバート・セシルの園丁であるジョン・トラデスカント（父）によって、1607年にセシルがジェームズ1世からこの家を受け取った直後に植えられたか、子供の頃そこに住んでいたエリザベス1世が1558年に王位に就くまでの間に植えられたかのどちらかだろう。これらの桑のうち1本だけが生き残っていて、ポラードにされた、ずんぐりとしたこの木の幹は空洞になっているが、健康状態は非常によい。

ブラックマルベリーは大きな日陰とたくさんの果実をもたらしてくれる。イギリスの風刺画家ジョージ・クルックシャンクによる版画、1808年。

ヴィクトリア女王の即位60周年を記念して、シティ・オブ・ロンドンのストランド街から隔てる高い壁の背後に隠れた法曹院のひとつ、ミドル・テンプルの人目につかないファウンテン・コートに、4本のブラックマルベリーが植えられた。2本が生き残っており、今は噴水池に向かって傾き、支柱で支えられている。テムズ川の南側に位置するサザーク地区のウエスト・スクエア（この土地を所有していたテンプル・ウエスト家にちなんで名づけられた）は、1799年頃に整備され、やはり4本のブラックマルベリーがあった。3本は現在でも生き残っていて、ほとんど水平になって、支柱で支えられている。もっと最近になって、ホワイトマルベリーが何本も庭園に追加された。

ほかにもいくつものロンドンの公園に、ヴィクトリア時代に整備されたときに植えられたブラックマルベリーがあり、この時代の樹木園の流行――新しい公園にはできるだけ多くの樹種が植えられた――の一端を示している。いくつかの王立公園にも桑の木がある。ケンジントン公園には2列に植えられた桑の木があり、一方の側はブラックマルベリー（*M. nigra*）、もう一方はホワイトマルベリー（*M. alba*）である。ウィンザー城には、19世紀にヴィクトリア女王のために植えられたブラックマルベリーの並木道がある。そしてもちろん、バッキンガム宮殿の庭園で育っているイギリス・ナショナル・マルベリー・コレクションの35本の桑の木も、まだ若木のものが何本もあるが、景観樹として装飾的機能を果たしている。キュー王立植物園、チェルシー薬草園、オックスフォード植物園、エディンバラ植物園にはみな、桑のよい例がある。

ニューヨークのセントラル・パークにはホワイトマルベリーとブラックマルベリーの両方の桑の木が何本もあって、夏には実を求めて人が集まる。パリのテュイルリー庭園には、アンリ4世が

400年前に2列植えたおおよその場所にあたる、リヴォリ通りぞいの柵の内側にホワイトマルベリーの木が1列植えられている。中世にシチリアを支配したシュヴァーベン朝とノルマン人の公園に、かつては桑の木が数千本ではないにしても数百本はあった。

ジェームズ1世が伯爵や領主に、国のいたるところにある彼らの屋敷の敷地に養蚕のための桑を植えさせようとしたとき、何人かは提案を受け入れた。どれくらいの規模で植えられたのかはよくわからないが、計画が失敗に終わったとき、すべての木が引き抜かれたわけではない。その結果、イギリスのあちこちに何十本もブラックマルベリーの古木が残されている。スコットランド人の植物学者で庭園デザイナーのジョン・クラウディス・ラウドンが書いているように、「全国にある17世紀までさかのぼることのできる古い庭園や郷紳の屋敷で、桑の木が見られないところはほとんどない[63]」のである。

◉考古学的標識

こうした古い木が何本もいまだに生き残っているおもな理由は、所有者がその独特の装飾的価値を高く評価していることにある。スティーヴン・ボウは郵便による調査で、大変苦労してジェームズ1世の養蚕計画の生き残りの木を追跡し、2015年に『マルベリー *Mulberry*』という本を出版した。彼は、受け取った回答に基づいて、樹齢100年以上の桑の古木のリストを作成することができた。ケンブリッジ大学クライスツ・カレッジなど、いくつかの事例で1609年に——養蚕所の建設資材とともに——購入した桑の木の記録があり、王の養蚕計画を支持していたことがよくわ

1609年に植えられた、ケンブリッジ大学クライスツ・カレッジのブラックマルベリー。詩人ミルトンは、1624年からここの学生だったので、そのときにまだ若木だったこの木を見ただろう。

かる。

著者が始めたイギリスのモルス・ロンディニウム・プロジェクトは、2016〜17年に大ロンドンの（そして実際にはその範囲外も）あらゆる樹齢の桑の木についてオンライン調査をしてボウの成果を補い、多くが個人の庭にあって外から見えない350本を超える古木を公表した。いくつもの事例で、これらの木は、19世紀後半のヴィクトリア女王時代に都市が拡大した時期に邸宅が売却され開発されたときも残されていた。これらの木が保護されてきたことは、人々が古い桑の木に抱いている愛情——そして市議会の先見の明——のあかしである。

生き残っているこれらの木は、今では新たな目的に——大規模な開発を経験した都市域の失われた遺産を調査する際の考古学的標識として──役立っている。街角や裏庭のようなありそうにもない場所にある古い桑から始めて、保管されている記録を調査することにより、その木が邸宅、学校、修道院の敷地、さらには果樹園や桑園に植えられていたときの、隠された過去が明らかになることも多いのである。こうした古い木への関心が、今でも大部分の木を破壊から守っている。木に危険が迫ると、地元住民を動かして計画されている開発をストップさせることもあるのだ。こうした桑は、地元の記念碑といってもいい地位を獲得した。

このような古い（桑の）木への崇敬の念は、決してイギリスだけのものではない。インドや日本から中東、イタリア、スペイン、フランス、アメリカまで、桑の老木はそれにもともと備わっている美しさだけでなく、遠い過去の記念碑としての価値も理由で大切にされている。そうした木はすでに何世代もの支配者（独裁者であろうとなかろうと）や普通の人々だけでなく、その木がそばに植えられた建物の多くよりも長生きした。記念碑的な古木というと私たちはオークやイチイのことを考えがちだが、謙虚な桑が５０００年におよぶ蚕への屈従から解き放たれて、そうした木に並ぶ地位につくときが来たのかもしれない。

謝辞

長い懐胎期間を経て本書を印刷する運びとなるまでに、多くの人に助けていただいた。スペースの関係ですべての人の名前を挙げることができない。とくにスティーヴン・ボウ、ヘレン・ワン、スーザン・ウィットフィールドには、初期段階の草稿についていただいた非常に貴重な意見、そして専門的な支援に感謝している。どんなにお礼をいっても足りない。間違いや見落としが残っていれば、すべて私の責任である。クラウディオ・ザニエルには、桑の歴史に関する貴重な詳細情報を——そして数枚のイタリアの桑の葉さえも——提供していただいた。キャロライン・カートライトとクリスティーナ・ダフィーにも、初期の草稿について貴重な意見をいただいた。パオロ・ペロシは苦労をいとわずペーシャのブオンヴィチーノの絵を撮影してくれた。遺産宝くじ基金から援助を受けて2016年に、ロンドンの文化遺産ともいえる桑に関するモルス・ロンディニウム・プロジェクトをともに立ち上げた、環境保全基金のデイヴィッド・シュリーヴとジェームズ・コールマンに心から感謝する。このプロジェクトは期待以上の成果をあげている。トリーシャ・ハードウィック、ザンシ・モーズリー、ジェス・シェパードには美しい作品を使うことを許可していただき、リサ・ロドウィックにはローマ時代の桑に関する助言と石化した種子の画像を提供していただいたことを感謝する。ロンドン大学ゴールドスミス・カレッジには、何年間もオフィスと組織の活動基地を提供していただいた。同僚のレス・バック、ポール・ハリデー、キャロライン・ノウルズに深く感謝する。さまざまなやり方で調査を助けてくれたデイヴィッド・アルダーマン、ニック・クライムズ、ジョン・ディーン、ジュディ・ダウリング、ジョン・フェルトウェル、ザ・ジェントル・オーサ、マーク・レーン、ケイティ・レイトン＝ジョーンズ、カレン・リルヨンバーグ、トファー・マーティン、ジェレミーとロージー・オズボーン、カトリーナ・ラムジー、アンドリュー・スタック、ピーター・トマス、サラ・ホエールにも感謝する。比類ない大英図書館地図室の協力的なスタッフに礼をいう。編集者のマイケル・リーマンは感心するほど忍耐強く、必要なときに注意をうながし感想を伝えてくれた。アレクサンダー・チョバーノ、フィービー・コリー、リアクションの制作チームにも、支援に感謝する。数が多すぎて名前をあげることができないが、ほかにも多くの人がさまざまなやり方で貢献してくれた。ジェーン、メイジー、ルイス、ラフがいなかったら、本書はできていなかっただろう。

訳者あとがき

本書『桑の文化誌』(原題『*Mulberry*』)は、イギリスの出版社 Reaktion Books から刊行されているReaktion's Botanical シリーズの一冊です。さまざまな花や樹木を取り上げて、人間とのかかわりを歴史、文化、暮らしなどの側面から考えるシリーズで、原書房から「花と木の図書館」として邦訳版が順次刊行されています。

本書の著者、ピーター・コールズはサイエンスライターで写真家、そしてフランス語から英語への翻訳家でもあります。2016年に、ロンドンにある歴史的な桑の木の情報をデータベース化し公開するモルス・ロンディニウム・プロジェクトを立ち上げ、桑の古木の保護とそれに関する意識の向上を目指して活動しています。モルスとロンディニウムはどちらもラテン語で、それぞれ「桑」と「ロンドン」を意味します。集められた情報は https://www.morusIondinium.org/ で公開されており、各地の桑の木の美しい写真を見ることができますので、興味のある方はアクセスしてみてください。

イギリスには由緒ある桑の木があちこちにあって、大切にされているそうです。本書では、そうした今でも残っている古木、あるいはかつてあった桑園などについて、歴史上の人物や事件をあげながら、さまざまな逸話を紹介しています。

古代ローマ時代の詩にあるように、ヨーロッパでは古くから桑の実はおいしくて栄養のあるものとして、高く評価されてきました。日本でも桑の実は、童謡「赤とんぼ」の歌詞にあるように、昔は身近な存在だったようです。といっても、ヨーロッパの桑とアジアの桑は種類が違うのだそうです。イギリスで見られる桑の木はブラックマルベリー（和名はクロミグワ）で、中国原産で日本などアジアに分布するホワイトマルベリーとは別の植物です。そして、ホワイトマルベリーというのは、マグワやヤマグワなどごく近縁のいくつもの種や変種を含む植物群の総称です。少しややこしいのですが、これについては第1章でくわしく説明されています。

本書ではほかに、アメリカに自生するレッドマルベリー（和名はアカミグワ）や、英語でペーパーマルベリーと呼ばれる植物（カジノキ）も取り上げます。カジノキは「マルベリー」といってもクワ科コウゾ属の植物です。コウゾといえば和紙の原料なので、なるほどと思いますし、中国の古い書物に桑の樹皮で紙を作ったという記録もあるそうです。

桑の木はかつては日本でも養蚕のために盛んに栽培されていましたが、最近では、ごく限られたところでしか見られなくなりました。残念ながら桑という植物の印象は薄く、テレビドラマで「お蚕様」に桑の葉を与えている場面があったなあと思うのがせいぜい、という人も多いのではないでしょうか。あとは、健康食品として桑の葉や桑の実（この場合、「マルベリー」と英語で呼ばれることが多いようです）の加工品を見るくらいです。

しかし、桑と人間のかかわりには長い歴史があり、とくに古代中国で始まった桑の葉を使う養蚕が広まるとともにホワイトマルベリーが世界中に広まっていったようす、そして各地で起こった絹産業の栄枯盛衰は、それだけで壮大な歴史物語で、本書の重要なテーマになっています。ほかに本書では、食料や薬、工芸品や楽器の材料、紙や布の原料としての桑の利用、さらには桑が登場する神話や芸術作品も取り上げられています。

本書を読むと、桑と私たちの間には意外に広く深い関係があったことがわかってきます。次にどこかで桑の木や実を見かけることがあったら、ロンドン、古代ローマ、シルクロード、さらには小笠原諸島と連想を広げて、さまざまなことを思い出すでしょう。

最後になりましたが、翻訳にあたり原書房の中村剛さんには大変お世話になりました。この場を借りてお礼申し上げます。

2022年2月

上原ゆうこ

116, 177; The Pocumtuck Valley Memorial Association Library, Deerfield, MA: p. 158; Pornchan Potinak/Shutterstock.com: p. 63; The Print Collector/Alamy Stock Photo: p. 93; private collection: pp. 6, 32 bottom, 192, 202, 238, 249; courtesy Sue Richards: p. 152; courtesy Alan Richardson: p. 29; from Julia Ellen Rogers, Trees, in 'The Nature Library' series (Garden City, NY, 1926): p. 50; Royal Commission on the Historical Monuments of England: p. 203; courtesy Carlos Santos Barea: pp. 242, 245; courtesy Liang Shaoji/ShanghART Gallery, Shanghai, China: p. 187; from Charles Arthur Sheffield, *Silk: Its Origin, Culture, and Manufacture* (Florence, MA, 1911): p. 161; courtesy Jess Shepherd: p. 188; from Marc Aurel Stein, *Ruins of Desert Cathay*, vol. I (London, 1912): p. 81; photo Sugiyama/S. J. Bowe: pp. 244, 246; from Otto Wilhelm Thomé, *Flora von Deutschland*, vol. II (Gera, 1904), courtesy New York Botanical Garden, LuEsther T. Mertz Library: p. 33; © Trustees of the British Museum: p. 213; Universal Images Group North America LLC/Alamy Stock Photo: p. 61; courtesy Andrew Wheeler: p. 64; courtesy Claudio Zanier: pp. 135, 136; from Johannes Zorn, *Icones plantarum medicinalium*, vol. II (Nuremberg, 1780), courtesy Harvard Botany Libraries: p. 19.

Nikita, the copyright holder of the image on p. 60, and Forest and Kim Starr, the copyright holders of the image on p. 209, have published them online under conditions imposed by a Creative Commons Attribution 2.0 Generic License. Vahe Martirosyan, the copyright holder of the image on p. 185, has published it online under conditions imposed by a Creative Commons Attribution-Share Alike 2.0 Generic License. Fabien Dany/www.fabiendany.com/www.datka.kg, the copyright holder of the image on p. 94, has published it online under conditions imposed by a Creative Commons Attribution-Share Alike 2.5 Generic License. BabelStone, the copyright holder of the image on p. 61; Bernard Gagnon, the copyright holder of the image on p. 99; JJ Harrison, the copyright holder of the image on p. 32 top; and David R. Tribble, the copyright holder of the image on p. 47, have published them online under conditions imposed by a Creative Commons Attribution-Share Alike 3.0 Generic License. Didier Descouens, the copyright holder of the image on p. 57; Suyash Dwivedi, the copyright holder of the image on p. 44; Kaidor, the copyright holder of the image on p. 78; Frullatore Tostapane, the copyright holder of the image on p. 4; Sakaori, the copyright holder of the image on p. 163; Sān liè [三猎], the copyright holder of the image on p. 84; Soramimi, the copyright holder of the image on p. 164; and Wellcome Collection, the copyright holder of the image on p. 86, have published them online under conditions imposed by a Creative Commons Attribution-Share Alike 4.0 Generic License.

写真ならびに図版への謝辞

著者と出版社は，次の図版素材の提供元とその複製の許可に感謝する。一部の作品の所在も示す。

AjayTvm/Shutterstock.com: p. 207; courtesy Fabien Bièvre-Perrin/Musée Archéo logique de Die et du Diois: p. 197; from Francisco Manuel Blanco, *Flora de Filipinas . . . Gran edición . . .* [*Atlas I*] (Manila, c. 1880-83), courtesy Biblioteca Digital del Real Jardín Botánico, Madrid (CSIC): p. 22; courtesy Joel Bradshaw: p. 15; the British Museum, London: p. 80; from Édouard Chavannes, *Mission archéologique dans la Chine septentrionale*, vol. III (Paris, 1909), courtesy the Digital Silk Road Project, National Institute of Informatics, Tokyo: p. 169; from Wang Chen [王禎], Nung Shu (農書, Book of Agriculture), *c.* 1530: p. 76; photos Peter Coles: pp. 10, 14, 21, 25, 26, 28, 36, 41, 42, 46, 53, 55, 97, 106, 112, 125, 179, 216, 252; from Walter Crane, *The Baby's Opera* (London and New York,1877): p. 201; © Jianyi Dai/Food and Agriculture Organization of the United Nations: p. 129; Davison Art Center, Wesleyan University/photo M. Johnston: p. 140; from the Diamond Sutra (Dunhuang, 868), British Library, London: p. 210; from Henri-Louis Duhamel du Monceau, *Traité des arbres et arbustes . . . Nouvelle* édition, vol. IV (Paris, 1809), courtesy Biblioteca Digital del Real Jardín Botánico, Madrid (CSIC): p. 52; used by permission of the Folger Shakespeare Library under a Creative Commons Attribution-ShareAlike 4.0 International License (wood no. 11): p. 183; from Robert Fortune, *A Residence Among the Chinese* (London, 1857), courtesy University of California Libraries: p. 130; courtesy the Georgia Historical Society: p. 148; photo Martin Gee: p. 247; courtesy Natasha von Geldern: p. 221; Granger Historical Picture Archive/Alamy Stock Photo: p. 171; courtesy Trisha Hardwick: p. 189; Joseph Jackson Howard and Joseph Lemuel Chester, eds, *The Visitation of London, Anno Domini 1633, 1634, and 1635*, vol. I (London, 1880): p. 184; courtesy J. J. Lally & Co., New York: p. 75; courtesy Lisa Lodwick: p. 103; from Maria Sibylla Merian, *De Europische Insecten* (Amsterdam, 1730): p. 7; marka/Alamy Stock Photo: p. 200; Metropolitan Museum of Art, New York: p. 67; courtesy Xanthe Mosley: p. 190; Museo Archeologico Nazionale, Naples: p. 101; Museum of New Zealand Te Papa Tongarewa, Wellington: p. 208; photo Paolo Pelosi: p. 132; The Picture Art Collection/Alamy Stock Photo: pp.

注

序章　桑の物語へ

1　2013年の数値：UN Food and Agriculture Organization, 'FAO Value of Agricultural Production', http://knoema.com/FAOVAP2015Feb/fao-value-of-agricultural-production-february-2015, accessed 25 November 2015.

2　*The Silk Road: A Very Short Introduction*（Oxford and New York, 2013）の著者James A. Millwardが「絹でも道でもない」といったように。

3　Susan Whitfield, *Silk, Slaves, and Stupas*（Oakland, ca, 2018）.

4　ずっと古い作業である絹織物を織ることではない。

5　'Adi Shankar's Ancient Mulberry', *Landmark Trees of India*, https://outreachecology.com/landmark（November 2012）. Peter Smetacek, 'A Tree Created in India', *Times of India* 20 May 2007.

6　Stephen J. Bowe, *Mulberry: The Material Culture of Mulberry Trees*（Liverpool, 2015）.

7　Alan Mitchell, 'Facts about Mulberries', *The Garden*, CIV（December 1984）, pp. 514-15.

8　Caroline R. Cartwright, Christina M. Duffy and Helen Wang, 'Microscopical Examination of Fibres used in Ming Dynasty Paper Money', *Technical Research Bulletin*, VIII（2014）, pp. 105-16.

第1章　黒，白，赤

1　A database of plant names maintained by the Royal Botanic Gardens at Kew（UK）and the Missouri Botanical Garden（U.S.）, www.theplantlist.org.

2　Qiwei Zeg et al., 'Definition of Eight Mulberry Species in the Genus *Morus* by Internal Transcribed Spacer-Based Phylogeny', *PLOS ONE*（12 August 2015）, https://doi.org/10.1371/journal.pone.0135411.

3　Olivier de Serres, *La cueillete de la soye par la nourriture des Vers qui la font. Echantillon du Théâtre d'Agriculture d'Olivier de Serres Seigneur du Pradel*［1599］（Paris, 1843）.

4　Geffeは，Olivier de Serresによる別のフランス語の本 *Memoires et instructions pour l'establissement des meuriers, et art de faire la soye en France*（Paris,

1603）からも多くを借用している。
5 Olivier de Serres, *The Perfect Use of Silk-wormes, and their Benefit*, trans. Nicholas Geffe（London, 1607）, pp. 20-21.
6 William Jackson Bean, *Trees and Shrubs, Hardy in the British Isles* [1914]（London, 1936）, vol. II, p. 85.
7 Pliny（the Elder）, *Natural History*, trans. H. Rackham（London, 1945）, vol. IV, book xvi, p. 455.［『プリニウス博物誌　植物篇』大槻真一郎訳／八坂書房］
8 Edward Augustus 'Gussie' Bowles, *My Garden in Spring*（London, 1914）.
9 Jon Dean, personal communication, March 2018.
10 Victor Hehn, *Wanderings of Plants and Animals*（London, 1891）, p. 293.
11 John Gerard, *The Herball; or, Generall Historie of Plantes*（London, 1597）, book III, p. 1324.
12 William Turner, *A New Herball Parts II and III*［1568］, ed. George T. L. Chapman et al.（Cambridge, 1995）, p. 139.
13 Miles Hadfield, 'Growing Mulberries in Britain', *Country Life*（13 September 1962）, p. 578.
14 Hehn, *Cultivated Plants*, p. 293
15 Horace, *Satire iv: The Works of Horace in Latin and English*（London, 1718）, book II, p. 465.［「風刺詩」，『ホラティウス全集』所収／鈴木一郎訳／玉川大学出版部］
16 Peter Thomas, personal communication, January 2013.
17 Barrie Juniper, 'The Mysterious Origin of the Sweet Apple', *American Scientist*, XCV（2007）, pp. 44-51.
18 M. Modzelevich, *Flowers in Israel*, 2005-13 www.flowersinisrael.com, accessed 11 August 2018.
19 Wilhelmina F. Jashemski and Frederick G. Meyer, *The Natural History of Pompeii*（Cambridge, 2002）, pp. 126-7.
20 Erica Rowan, 'Bioarchaeological Preservation and Non-elite Diet in the Bay of Naples: An Analysis of the Food Remains from the Cardo V Sewer at the Roman Site of Herculaneum', *Environmental Archaeology*, XX（2017）, pp. 318-36.
21 Gaius Plinius Caecilius Secundus, *Letters of Pliny*, trans. William Melmoth, Project Gutenberg（2001）, www.gutenberg.org, accessed 22 March 2019.［『プリニウス書簡集』國原吉之助訳／講談社］

22 Mark Travis, 'Why Grow Mulberries?', www.growingmulberry.org, accessed 8 July 2017.
23 Pliny the Elder, *Natural History* (London, 1945), vol. IV, book XV, p. 355. [『プリニウス博物誌　植物篇』大槻真一郎訳／八坂書房]
24 Bean, *Trees and Shrubs*, vol. II, p. 86.
25 Hadfield, 'Growing Mulberries in Britain', p. 293.
26 Karen Liljenberg, *London's Lost Garden*, https://londonslostgarden.wordpress.com/, accessed 14 August 2014.
27 Gerard, *The Herball*, p. 1324
28 Scott Leathart, *Whence Our Trees* (London, 1991), pp. 184-6.
29 Matthew C. Perry, *Narrative of an expedition of an American squadron to the China seas and Japan under the command of Commodore M. C. Perry, United States Navy* (Washington, DC, 1856), p. 210. [『ペリー提督日本遠征記』宮崎壽子監訳／ KADOKAWA]
30 *M. boninensis* は4倍体である（染色体を4組もっている）のに対し，*M. alba* は通例，2組しかもっておらず，2倍体である。
31 Naoki Tani et al., 'Determination of the Genetic Structure of Remnant *Morus boninensis Koidz* Trees to Establish a Conservation Program on the Bonin Islands, Japan', bmc *Ecology*, vi (2006), https://doi.org, accessed 18 February 2019.
32 Hehn, *Cultivated Plants*, p. 487, n. 73.
33 Dieter Kuhn, 'Textile Technology: Spinning and Reeling', in *Science and Civilization in China*, vol. V: *Chemistry and Chemical Technology; Part IX*, ed. Joseph Needham (Cambridge, 1988), p. 289.
34 J. Swearingen and C. Bargeron, *Invasive Plant Atlas of the United States*, www.invasiveplantatlas.com, accessed 13 August 2018.
35 Serres, *The Perfect Use of Silk-wormes*, p. 20.
36 Paul Peacock, 'Going Round the Mulberry Bush', *Grow It!* (July 2007), pp. 36-7.
37 ウィンザー城とケンジントン宮殿の庭園に同じコレクションがある。
38 Susyn Andrews, John Feltwell, Mark Lane and Alysia Hunt, *The Queen's Mulberries* (London, 2012).
39 Philip E. Taylor et al., 'High-speed pollen release in the white mulberry tree, *Morus alba* L.', *Sexual Plant Reproduction*, XIX (March 2006), pp. 19-24.
40 この衝撃的な現象は，ユーチューブで公開されているアマチュアによる

多くの動画で見ることができる。たとえば Philip Taylor, 'Fast Plants: Morus alba', accessed 18 February 2019.
41 William Bartram, *Travels of William Bartram* [1791] (Philadelphia, PA, 1928), pp. 57, 25.
42 COSEWIC, 'Assessment and Status Report on the Red Mulberry *Morus rubra* in Canada', Species at Risk Public Registry, http://sararegistry.gc.ca (11 December 2015).
43 Katherine Gould, Angela Steward and Steven D. Glenn, 'Morus', *New York Metropolitan Flora Project*, www.bbg.org/collections/nymf, accessed 1 October 2018.
44 John Claudius Loudon, *Arboretum et Fruticetum Britannicum; or, The Trees and Shrubs of Britain* (London, 1844), vol. III, p. 1360.
45 Bean, *Trees and Shrubs*, vol. II, p. 86.
46 Loudon, *Arboretum et Fruticetum*, vol. III, p. 1361.
47 William Jackson Bean, *Trees and Shrubs, Hardy in the British Isles* (London, 1914), vol. I, p. 267.
48 Loudon, *Arboretum et Fruticetum*, vol. III, p. 1361.
49 Bean, *Trees and Shrubs*, vol. I, p. 268.
50 Robert Birsel, 'Mulberry trees bring misery to Pakistani city', *Health News*, www.reuters.com (5 March 2007).

第2章　桑と絹

1 Dieter Kuhn, 'Textile Technology: Spinning and Reeling', in *Science and Civilisation in China*, vol. v: *Chemistry and Chemical Technology*, ed. Joseph Needham (Cambridge, 1988), part IX, p. 248.
2 William F. Leggett, *The Story of Silk* (New York, 1949).
3 Kuhn, 'Textile Technology', p. 248.
4 Yongkang Huo, 'Mulberry Cultivation and Utilization in China' (FAO Electronic Conference on Mulberry for Animal Production (Morus-L), Rome, 2002), www.fao.org, accessed 19 February 2019.
5 2013年の数値：UN Food and Agriculture Organization, see http://knoema.com/FAOVAP2015Feb/fao-value-of-agricultural-productionfebruary-2015, accessed 25 November 2015. ほかの情報源にはずっと高い数値が載っている。– see www.tradeforum.org/Silk-in-World-Markets, accessed 9 May 2017.
6 Irene Good, 'The Archaeology of Early Silk', *Textile Society of America Symposium*

Proceedings (2002), pp. 7-15.

7 Frances Carey, *The Tree: Meaning and Myth* (London, 2012), p. 124.

8 Kuhn, 'Textile Technology', p. 286.

9 Liu Zhijuan, *The Story of Silk* (Beijing, 2006).

10 Good, 'The Archaeology of Early Silk', pp. 7-15.

11 David L. Wood, Robert M. Silverstein and Minoru Nakajima, eds, *Control of Insect Behavior by Natural Products* (New York, San Francisco, CA, and London, 1970).

12 K. Konno et al., 'Mulberry Latex Rich in Antidiabetic Sugar-mimic Alkaloids Forces Dieting on Caterpillars', *Proceedings of the National Academy of Sceinces*, CIII (31 January 2006), pp. 1337-41.

13 Kuhn, 'Textile Technology', p. 274.

14 Claudio Zanier, *Where the Roads Meet* (Kyoto, 1994).

15 Charles Stevens and Jean Liebault, *The Third Booke of the Countrey Farme*, trans. Richard Surflet and updated by Gervase Markham (London, 1616), p. 488.

16 同上

17 Jean-Baptiste Letellier, *Instructions for the increasing of mulberie trees, and the breeding of silke-wormes, for the making of silke in this kingdome*, trans. William Stallenge (London, 1609).

18 Stevens and Liebault, *Countrey Farme*, p. 489.

19 K. P. Arunkumar, Muralidhar Metta and J. Nagaraju, 'Molecular Phylogeny of Silkmoths Reveals the Origin of Domesticated Silkmoth, *Bombyx mori* from Chinese *Bombyx mandarina* and Paternal Inheritance of Mitochondrial dna', *Molecular Phylogenetics and Evolution*, XL (August 2006), pp. 419-27.

20 'Captive Breeding for Thousands of Years has Impaired Olfactory Functions in Silkmoths', *Max Planck Society*, www.mpg.de (21 November 2013).

21 Dietrich Schneider, 'Pheromone Communication in Moths and Butterflies', in *Sensory Physiology and Behavior, Advances in Behavioral Biology*, ed. R. Galun, P. Hillam, L. Parnas and R. Werman (Boston, ma, 1975), vol. XV, pp. 173-93.

22 Ningjia He et al., 'Draft Genome Sequence of the Mulberry Tree *Morus notabilis*', *Nature Communications* (19 September 2013).

23 miRNA は，特定の遺伝子が発現するか否かを決定するうえで重要な役割を果たす。

24 Krishna Riboud, 'A Closer View of Early Chinese Silks', in *Studies in Textile His-*

tory, ed. Veronika Gervers (Ontario, 1977), pp. 252-80

25 Kuhn, 'Textile Technology', p. 279.

26 同上, p. 200.

27 Irene Good, Jonathan M. Kenoyer and Richard Meadow, 'New Evidence for Early Silk in the Indus Civilization', *Archaeometry*, l (2009), pp. 457-66.

28 Irene Good, 'On the Question of Silk in Pre-Han Eurasia', *Antiquity*, LXIX (1995), pp. 959-68.

29 同上

30 Xinru Liu, *The Silk Road in World History* (Oxford, 2010).

31 Kuhn, 'Textile Technology', p. 285.

32 同上, p. 294.

33 Leggett, *The Story of Silk*, pp. 74-5.

34 Susan Whitfield, *Silk, Slaves, and Stupas* (Oakland, ca, 2018), p. 194.

35 Leggett, *The Story of Silk*.

36 Manfred G. Raschke, 'New Studies in Roman Commerce with the East', in *Aufstieg und Niedergang der Römischen Welt, Geschichte und Kultur Roms in der neueren Forschung*, ed. Hildegard Temporini (Berlin, 1978), vol. IX, pp. 604-1361.

37 Good, 'On the Question of Silk', p. 963.

38 Raschke, 'New Studies in Roman Commerce', pp. 604ff.

39 Susan Whitfield, *Life Along the Silk Road* (London, 1999), p. 9.[『唐シルクロード十話』山口静一訳/白水社]

40 Aurel Stein, *Ancient Khotan* (Oxford, 1907), vol. I, p. 229.

41 同上

42 Peter Hopkirk, *Foreign Devils on the Silk Road: The Search for the Lost Treasures of Central Asia* (Oxford, 2001), p. 12. [『シルクロード発掘秘話』小江慶雄・小林茂訳/時事通信社]

43 Liu, *Silk Road in World History*, p. 12.

44 Pliny the Elder, *Natural History*, trans. John Bostock and H. T. Riley (London, 1855), vol. III, book XI, pp. 26-7, n. 86. [『プリニウスの博物誌　第I巻』中野定雄・中野里美・中野美代訳/雄山閣出版]

45 Gisela M. A. Richter, 'Silk in Greece', *American Journal of Archaeology*, XXXIII (1929) pp. 27-33.

46 hackle(ハックル)は麻をすくときに使う櫛。雄鶏の頸羽や動物が怒った

ときに逆立てる背中の毛も hackle という。
47　See Richter, 'Silk in Greece'.
48　William T. M. Forbes, 'The Silkworm of Aristotle', *Classical Philology*, XXV (January 1930), pp. 22-6. See also http://penelope.uchicago.edu/aristotle/histanimals5.htm, accessed 17 January 2018.
49　Pliny, *Natural History*, vol. III, p. 26.
50　Liu, *Silk Road in World History*, p. 20で引用 .
51　*Archives Historiques et Statistiques du Département du Rhône* (Lyons, 1825), vol. ii, p. 298で引用。著者自身による翻訳。
52　Olivier de Serres, *The Perfect Use of Silk-wormes, and their Benefit*, trans. Nicholas Geffe (London, 1607), p. 2で引用。
53　*Archives Historiques*, vol. II, p. 297で引用。
54　Liu, *Silk Road in World History*. p. 74.
55　*Procopius: The Roman Silk Industry c. 550*で引用，https://sourcebooks.fordham.edu, accessed 6 February 2018.
56　Susan Whitfield, personal communication, August 2018.
57　Zoe Lady Hart Dyke, *So Spins the Silkworm* (London, 1949).
58　See Liu, *The Silk Road in World History*.
59　UNESCO はシルクロードに関する参考資料をオンラインで提供している：https://en.unesco.org/silkroad, accessed March 2019.

第3章　忘れられた天使

1　Edward Thomas, *In Pursuit of Spring* (London, 1914), p. 36.
2　Victor Hehn, *Cultivated Plants and Domestic Animals in their Migration from Asia to Europe* (London, 1885), p. 292.
3　同上
4　Henry N. Ellacombe, *The Plant Lore and Garden Craft of Shakespeare* (London, 1896), p. 176.
5　Horace, *Satire IV: The Odes, Satyrs and Epistles of Horace*, trans. T. Creech (London, 1720), p. 249. [「風刺詩」,『ホラティウス全集』所収／鈴木一郎訳／玉川大学出版部]
6　Wilhelmina Feemster Jashemski and Frederick G. Meyer, eds, *The Natural History of Pompeii* (Cambridge, 2002), p. 127.
7　Maud Grieve, *A Modern Herbal* [1931] (New York, 1971), vol. II, p. 559.

8　Joakim F. Schouw, *Die Erde, die Pflanzen und der Mensch* (Leipzig, 1854), p. 37.
9　Alexandra Livarda, 'New Temptations? Olive, Cherry and Mulberry in Roman and Medieval Europe', in *Food and Drink in Archaeology*, ed. S. Baker, M. Allen, S. Middle and K. Poole (Totnes, 2008), pp. 73-83.
10　John J. Butt, *Daily Life in the Age of Charlemagne* (London, 2002), p. 69.
11　George H. Wilcox, 'Exotic Plants from Roman Waterlogged Sites in London', *Journal of Archaeological Science*, IV/3 (1977), pp. 269-82.
12　Lisa A. Lodwick, 'The Debatable Territory where Geology and Archaeology Meet: Reassessing the Early Archaeobotanical Work of Clement Reid and Arthur Lyell at Roman Silchester', *Environmental Archaeology*, XXII (2016), pp. 56-78.
13　Marijke van der Veen, Alexandra Livarda and Alistair Hill, 'New Plant Foods in Roman Britain – Dispersal and Social Access', *Environmental Archaeology*, XII (2008), pp. 11-36.
14　Xinru Liu, *The Silk Road in World History* (Oxford, 2010), p. 101.
15　Susan Whitfield, *Silk, Slaves, and Stupas* (Oakland, CA, 2018).
16　John Claudius Loudon, *Arboretum et Frutecetum Britannicum* (London, 1844), vol. III, pp. 1342-62.
17　Alfred T. Grove and Oliver Rackham, *The Nature of Mediterranean Europe: An Ecological History* (New Haven, CT, and London, 2003), p. 316.
18　'Spanish Silk – Alpajura Secrets in Granada Province', www.piccavey.com (10 November 2015).
19　Grove and Rackham, *Nature of Mediterranean Europe*, p. 107.
20　同上, p. 113.
21　Leslie Grace, '460 Years of Silk in Oaxaca, Mexico', *Textile Society of America 9th Biennial Symposium* (Oakland, CA, 7-9 October 2004).
22　Arnold Krochmal, 'The Vanishing White Mulberry of Northern Greece', *Economic Botany*, VIII/2 (1954), pp. 145-51.
23　Frances Carey, *The Tree: Meaning and Myth* (London, 2012), pp. 124-9. [『図説樹木の文化史――知識・神話・象徴』小川昭子訳／柊風舎]
24　Roland de la Platriere, *Encloplédie méthodique: manufactures et arts* (Paris, 1784), vol. II, p. 47. 著者自身による翻訳。
25　Francoise Clavairolle, *Le magnan et l'arbre d'or: Regards anthropologiques* (Paris, 2003), p. 28.
26　Platriere, *Encloplédie méthodique*, p. 47.

27 Julian Forbes Laird, 'How Old is the Bethnal Green Mulberry?', www.spitalfieldslife.com (17 September 2018).

28 Olivier de Serres, *The Perfect Use of Silk-wormes, and their Benefit*, trans. Nicholas Geffe (London, 1607), appendix 3, n.p.

29 Linda Levy Peck, *Consuming Splendor: Society and Culture in Seventeenth-century England* (Cambridge, 2005), p. 1.

30 William Stallenge, *Instructions for the Increasing of Mulberrie Trees and the Breeding of Silke-Worms* (London, 1609).

31 Jean-Baptiste Letellier, *Memoires et instructions pour l'establissement des meuriers, et art de faire la soye en France* (Paris, 1603).

32 Grieve, *A Modern Herbal*, p. 559.

33 Peck, *Consuming Splendor*.

34 Joan Thirsk, *Alternative Agriculture* (Oxford, 1997).

35 Nicholas Chrimes, *Cambridge: Treasure Island in the Fens* (Beijing, 2009).

36 Peck, *Consuming Splendor*.

37 Sarah Whale, personal communication with author, 17 October 2016.

38 Prudence Leith-Ross, *The John Tradescants* (London, 1984).

39 Jennifer Potter, *Strange Blooms. The Curious Lives and Adventures of the John Tradescants* (London, 2006).

40 Serres, *The Perfect Use of Silk-wormes*, p. 23.

41 Loudon, *Arboretum et Frutecetum*, p. 1343.

42 Serres, *The Perfect Use of Silk-wormes*, p. 31.

43 Helen Humphreys, *The Frozen Thames* (New York, 2007).

44 John Evelyn, *The Diary of John Evelyn*, ed. William Bray (London, 1901), vol. II, p. 285.

45 Samuel Pepys, *The Diary of Samuel Pepys*, ed. H. B. Wheatley (London, 1924), vol. VIII, p. 22. [『サミュエル・ピープスの日記 第9巻 1668年』岡照雄・海保眞夫訳/国文社]

46 Clement Walker, *Relations and Observations, Historical and Politick, Upon the Parliament begun Anno Dom. 1640*, part ii: *Anarchia Anglicana; or, The History of Independency* (London, 1648), p. 257.

47 John Evelyn, *The Diary of John Evelyn*, ed. William Bray (London, 1907), vol. II, p. 41.

48 Thirsk, *Alternative Agriculture*.

49 Hehn, *Cultivated Plants*, p. 293.

第4章 マルベリー熱

1 Wenhua Li, *Agro-ecological Farming Systems in China* (New York, 2001).

2 Li による引用，同上。

3 同上，p. 28.

4 Yongkang Huo, *Mulberry Cultivation and Utilization in China* (Rome, 2002).

5 Yingjie Wang and Y. Su, 'The Geo-pattern of Course Shifts of the Lower Yellow River', *Journal of Geographical Sciences*, XXI/6 (2011), pp. 1019-36.

6 Yingnan Xu, 'Industrialization and the Chinese Hand-reeled Silk Industry (1880-1930)', *Penn History Review*, XIX/1 (Autumn 2011).

7 Robert Fortune, *A Residence Among the Chinese* [1867] (London, 2006).

8 Marco Polo, *The Travels* [*c.* 1300], trans. Nigel Cliff (London, 2015), p. 143. [『マルコ・ポーロ東方見聞録』青木一夫訳／校倉書房]

9 同上，p. 146.

10 H. Khomidy, 'Uzbekistan National Sericulture Development Plan', www.bacsa-silk.org, accessed 29 September 2018.

11 Luciano Cappellozza, 'Mulberry Germplasm Resources in Italy', www.fao.org, accessed 27 February 2018.

12 Rebecca Woodward Wendelken, 'Wefts and Worms: The Spread of Sericulture and Silk Weaving in the West before 1300', in *Medieval Clothing and Textiles*, ed. R. Netherton and G. Owen-Crocker (Woodbridge, 2014), vol. X, p. 74.

13 Olivier de Serres, *Le théâtre de l'agriculture et mésnage des champs* (Paris, 1605), p. 466. 著者自身による翻訳。

14 William Baker and William Clarke, *The Letters of Wilkie Collins*, vol. I: *1838-1865* (London, 1999), p. 104.

15 Luca Mola, *The Silk Industry of Renaissance Venice* (London, 2000).

16 Cercle de Geneologie de Mions, 'Histoire de la Soie', http://genealogiemions.free.fr, accessed 28 March 2018.

17 *Annales de l'agriculture française*, XVII/103-8 (Paris, 1836), p. 163で引用。

18 Faujas de Saint-Fond, *Annales de l'agriculture française*, XVII/103-108 (1836), p. 163で引用。著者自身による翻訳。

19 *Archives Historiques et Statistiques du Département du Rhône* (Lyons, 1825), vol. I, p. 303. 著者自身による翻訳。

20 Saint-Fond, *Annales de l'agriculture française*, p. 163で引用。著者自身による翻訳。
21 Serres, *Le théâtre de l'agriculture*, p. 460. 著者自身による翻訳。
22 同上，p. 460.
23 John Bonoeil, *His Maiesties Gracious Letter to the Earle of South-Hampton* (London, 1622), p. 2.
24 Alain Pontoppidan, *Le murier Actes Sud* (Paris, 2002).
25 Juliette Glikman, *La Belle Histoire des Tuileries* (Paris, 2016).
26 Serres, *Le théâtre de l'Agriculture*, p. 457. 著者自身による翻訳。
27 M. Loiseleur-Deslongchamps, 'Jardins de France', *Annales de la Société d'horticulture de Paris*, V (1829), p. 293.
28 King James i, *A Counterblaste to Tobacco* (London, 1604).
29 Bonoeil, *His Majesties Gracious Letter*, p. ii.
30 同上，p. 2.
31 Herbert Manchester, *The Story of Silk and Cheyney Silks* (Mansfield, CT, 1916).
32 John Feltwell, *The Story of Silk* (Gloucester, 1990).
33 同上
34 William Bartram, *The Travels of William Bartram*, ed. Francis Harper (Athens, GA, and London, 1998).
35 William Farrell, 'Silk and Globalisation in Eighteenth-century London: Commodities, People and Connections *c.* 1720-1800'. PhD thesis, Birkbeck, University of London (London, 2014).
36 *Archives Historiques*, p. 309で引用。著者自身による翻訳。
37 同上
38 Matthieu Thome, 前掲書を引用，p. 318. 著者自身による翻訳。
39 Matthieu Thome, *Mémoires sur la Culture du Murier Blanc et la Maniere d'élever les Vers a Soie* (Lyons, 1771).
40 *Archives Historiques*, p. 406で引用。著者自身による翻訳。
41 Georges Guerrard-Samuel Perrottet, 'Morus multicaulis', *Mémoires de la Société Linnéene de Paris* (1825), vol. III, p. 129.
42 Fortune, *A Residence*, pp. 343-4
43 Comte de Brosse, *Archives Historiques*, p. 19で引用。著者自身による翻訳。
44 John Kitto, *Palestine: The Physical Geography and Natural History of the Holy Land*, (London, 1841), p. 237.

45 Edward Joy Morris, *Notes of a Tour through Turkey, Greece, Egypt, Arabia Petraea to the Holy Land*, vol. I (Philadelphia, pa, 1842).
46 Arnold Krochmal, 'The Vanishing White Mulberry of Northern Greece', *Economic Botany*, VIII (April–June 1954), pp. 145-51.
47 Patrick Skahill, *The Cheyney Brothers' Rise in the Silk Industry*, https://connecticuthistory.org, accessed 1 October 2018.
48 R. Govindan, T. K. Narayanaswamy and M. C. Devaiah, *Pebrine Disease of Silkworm* (Bangalore, 1997).
49 Karolina Hutkova, *Silk Connection Between Bengal and Britain: A Story of Complementarity and Political Economy*. Silk and Mulberries Workshop, British Museum, London (23 July 2018).
50 Tessa Morris-Suzuki, *Technology and Culture*, XXXIII (January 1992), pp. 101-12.
51 Claudio Zanier, 'La sericoltura dell'europa mediterranea dalla supremazia mondiale al tracollo: un capitolo della competizione economica tra asia orientale ed Europa', *Quaderni storici Nuova Serie*, XXV/73 (1990).
52 Michio Watanabe, 'Vast, bioclean Kumamoto silkworm factory aims to revive Japan's sericulture sector', *Japan Times* (13 April 2018).
53 Yingnan Xu, 'Chinese Hand-reeled Silk'.
54 Francoise Clavairolle, *Le Magnan et l'Arbre d'Or* (Paris, 2003).

第5章　芸術，伝説，文学

1 Anne Birrell, *Chinese Mythology: An Introduction* (Baltimore, MD, and London, 1993).
2 Alan L. Miller, 'The Woman Who Married a Horse: Five Ways of Looking at a Chinese Folktale', *Asian Folklore Studies*, LIV (1995), pp. 275-305.
3 Sarah Allan, *The Shape of the Turtle: Myth, Art, and the Cosmos in Early China* (New York, 1991), pp. 41-6.
4 Robert G. Herricks, 'On the Whereabouts and Identity of the Place called "K'ung-Sang" (Hollow Mulberry) in Early Chinese Mythology', *Bulletin of the School of African and Oriental Studies*, LVIII (January 1995), pp. 69-90.
5 Birrell, *Chinese Mythology*, pp. 128-9.
6 Allan, *The Shape of the Turtle*, pp. 27-38.
7 同上

8 Jane Bingham, *Chinese Myths* (London, 2008).

9 Allan, *The Shape of the Turtle*, pp. 41-3.

10 同上

11 Richard Wilhelm, *I Ching; or, Book of Changes*, trans. Cary F. Baynes (London, 1951), p. 53.

12 Plutarch, *The Parallel Lives: The Life of Sulla*, trans. Bernadotte Perrin (New Haven, CT, 1916), p. 2.

13 Joseph Stevenson, trans., *The Church Historians of England* (London, 1853), vol. V, pp. 329-36.

14 Patricia Parker, 'What's in a Name: and More', *Sederi Yearbook*, XI (2002), p. 104.

15 Erasmus, *Praise of Folly* [1511], trans. Betty Radice (London, 1971), p. 56.

16 Peter Bassano, 'Emilia Bassano – Shakesperare's Mistress?' www.peterbassano.com, accessed 1 October 2018.

17 Henry Samuel, 'Van Gogh's ear "was cut off by friend Gauguin with a sword"', *The Telegraph* (4 May 2009).

18 See www.inkyleaves.com.

19 Trisha Parker, 私信 , 2018年9月12日 .

20 Emile Zola, *The Fortune of the Rougons*, trans. Brian Nelson (London, 2012), p. 5. [『ルーゴン家の誕生』 伊藤桂子訳/論創社]

21 Claudio Zanier, personal communication with the author, 23 May 2018.

22 Emile Zola, *Dr Pascal*, trans. Vladimir Kean (London, 1957), p. 173. [『パスカル博士』 小田光雄訳/論創社]

23 Iman Humaydan Younes, *Wild Mulberries*, trans. Michelle Hartman (London, 2010), p. 44.

24 Alessandro Baricco, *Silk*, trans. Guido Waldman (London, 1997).

25 Elise Valmorbida, *The Madonna of the Mountains* (London, 2018).

26 Elise Valmorbida, personal communication with the author, 25 September 2018.

27 Jeffrey Eugenides, *Middlesex* (London, 2002). [『ミドルセックス』 佐々田雅子訳/早川書房]

28 Kouta Minamizawa, *Moriculture: Science of Mulberry Cultivation* (Rotterdam, 1997).

29 Monty Don, 'History in your garden: Mulberry tree', *Mail Online*, www.dailymail.co.uk (16 October 2009).

30 James Orchard Halliwell, *Popular Rhymes and Nursery Tales* (London, 1849), p. 126.

31 同上 , p. 127.

第6章　さまざまな用途

1 Daniela Seelenfreund et al., 'Paper Mulberry (*Broussonetia papyrifera*) as a Commensal Model for Human Mobility in Oceania: Anthropological, Botanical and Genetic Considerations', *New Zealand Journal of Botany*, XLVIII (2010), pp. 231-47.

2 Daniel F. Austin, *Florida Ethnobotany* (Boca Raton, FL, 2004), p. 446.

3 Tsien Tsuen-Hsuin, 'Paper and Printing', in *Science and Civilisation in China*, vol. V: *Chemistry and Chemical Technology: Part i*, ed. Joseph Needham (London, 1985), p. 58.

4 同上, p. 1.

5 James A. Millward, *The Silk Road: A Very Short Introduction* (Oxford, 2013).

6 Matthew Jackson, 'The World's Oldest Woodblock Print', www.londonkoreanlinks.net, accessed 4 January 2009.

7 Komila Nabiyeva, 'Uzbekistan Rediscovers Lost Culture in the Craft of Silk Road Paper Makers', *The Guardian*, 2 June 2014.

8 Marco Polo, *The Travels* [*c*. 1300], trans. Nigel Cliff (London, 2015), p. 124. [『マルコ・ポーロ東方見聞録』青木一夫訳／校倉書房]

9 同上, p. 124.

10 Tsuen-Hsuin, 'Paper and Printing', p. 50.

11 Caroline R. Cartwright, Christina M. Duffy and Helen Wang, 'Microscopical Examination of Fibres used in Ming Dynasty Paper Money', *Technical Research Bulletin*, VIII (2014), pp. 105-116.

12 同上, p. 116.

13 Thomas Hardy, *Jude the Obscure* [1896] (London, 1985), p. 184.[『日陰者ジュード』川本静子訳／中央公論新社]

14 Plants for a Future, 'Morus alba – L', www.pfaf.org, accessed 1 October 2018.

15 Austin, *Florida Ethnobotany*, p. 446.

16 Victor Hehn, *Cultivated Plants and Domesticated Animals in the Migration from Asia to Europe* (London, 1891), p. 290.

17 Horace, *Satire iv: Odes, Satyrs and Epistles*, trans. Thomas Creech (London,

1720), book II, p. 149.［「風刺詩」,『ホラティウス全集』所収／鈴木一郎訳／玉川大学出版部］

18 Alexandra Livarda, 'New Temptations? Olive, Cherry and Mulberry in Roman and Medieval Europe', in *Food and Drink in Archaeology*, ed. S. Baker, M. Allen, S. Middle and K. Poole (Totnes, 2008), pp. 73-83.

19 Glaire D. Anderson, *The Islamic Villa in Early Medieval Iberia: Architecture and Court Culture in Umayyad Córdoba* (London, 2013).

20 Walter Scott, *Ivanhoe: A Romance*, ed. Laurence Templeton (London, 1820), chap. 3, n. 4.

21 John Evelyn, *Sylva; or, A Discourse of Forest-trees and the Propagation of Timber*, 4th edn (London, 1706), vol. II, book II, pp. 203-13.

22 Maud Grieve, *A Modern Herbal* (London, 1931), vol. II, p. 561.

23 Evelyn, *Sylva*, p. 48.

24 Olivier de Serres, *The Perfect Use of Silk-wormes, and their Benefit*, trans. Nicholas Geffe (London, 1607), pp. 20-21.

25 Austin, *Florida Ethnobotany*, pp. 446-8.

26 Francis Bacon, *The Works of Francis Bacon* (London, 1740), vol. III, p. 159.［『ベーコン随筆集』成田成寿訳／角川書店］

27 M. D. Sanchez, 'Mulberry: An Exceptional Forage Available Almost Worldwide!', www.fao.org, accessed 1 October 2018.

28 'Pekmez – Mulberry, Carob and Grape Syrup', http://turkishcookingeveryday.blogspot.com (July 2011).

29 Plants for a Future, 'Morus alba multicaulis', www.pfaf.org, accessed 1 October 2018.

30 Evelyn, *Sylva*, p. 48.

31 Pliny the Elder, *Natural History*, trans. John Bostock and H. T. Riley (London, 1856), vol. V, book XXX, p. 430.［『プリニウスの博物誌　第 III 巻』中野定雄・中野里美・中野美代訳／雄山閣出版］

32 Pliny the Elder, *Natural History*, trans. W.H.S. Jones (London, 1961), vol. VI, book XXIII, p. 507.［『プリニウス博物誌 植物薬剤篇』大槻真一郎編／八坂書房］

33 William Turner, *A New Herball*, ed. George T. L. Chapman et al. (Cambridge, 1995), part II, p. 457.

34 Pliny, *Natural History*, vol. vi, book XXIII, p. 507.

35 George Sfikas, *Medicinal Plants in Greece* (Athens, 1979).
36 Turner, *New Herball*, p. 457.
37 Pliny, *Natural History*, vol. VI, book XXIII, p. 509.
38 Turner, *New Herball*, p. 457
39 Pliny, *Natural History*, vol. VI, book XXIII, p. 507.
40 Joseph Delcourt, ed., *Medicina de quadrupedibus* (Heidelberg, 1914), pp. 6-7.
41 'Mulberry', usda Food Composition Database, https://ndb.nal.usda, accessed 21 February 2019.
42 Umesh Rudrappa, 'Mulberries Nutrition Facts', www.nutritionandyou.com, accessed 21 February 2019.
43 John Gerard, *The Herball; or, Generall Historie of Plants* (London, 1597), vol II, p. 1508.
44 Attila Hunyadi et al., 'Metabolic Effects of Mulberry Leaves: Exploring Potential Benefits in Type 2 Diabetes and Hyperuricemia', *Evidence Based Complementary Alternative Medicine* (5 December 2013).
45 Simin Tian, Mingmin Tang and Baosheng Zhao, 'Current Anti-diabetes Mechanisms and Clinical Trials Using *Morus alba L.*', *Journal of Traditional Chinese Medical Sciences*, III, (January 2016), pp. 3-8.
46 Moffet, *The Silkwormes and their Flies* (London, 1599), p. 52.
47 Turner, *New Herball*, p. 139.
48 同上
49 Pliny, *Natural History*, vol. VI, book XXIII, p. 507.
50 Aida Se Golpayegani, 'Caracterisation du bois du Murier blanc (*Morus alba L.*) en reference a son utilisation dans les luths Iraniens', PhD thesis, University of Montpellier, France (November 2011).
51 Theodore Levin, et al., *The Music of Central Asia* (Bloomington, IN, 2016).
52 Laurence Picken, *Folk Music Instruments of Turkey* (London and New York, 1975).
53 Evelyn, *Sylva*, p. 110.
54 Stephen J. Bowe, *Mulberry: The Material Culture of Mulberry Trees* (Liverpool, 2015), p. 11.
55 J. Lynch による引用, *Becoming Shakespeare* (London, 2007), p. 250.
56 Cowper, *The Task and Other Poems*, ed. Henry Morley (London, Paris, New York and Melbourne, 1899). [『ウィリアム・クーパー詩集——課題と短編詩』

林瑛二訳／慶應義塾大学法学研究会］

57 James Boswell, *The Life of Samuel Johnson, LL.D.*（Oxford, 1886）, vol. II, p. 412.［『サミュエル・ジョンソン伝』中野好之訳／みすず書房］

58 Stephen Bowe, 'What ever happened to Shakespeare's mulberry tree?' www.moruslondinium.org, accessed 23 April 2018.

59 同上

60 Stephen J. Bowe, 'The Most Expensive Wood in the World', *Woodland Heritage*（2015）, pp. 14-15.

61 Stephen J. Bowe, 'Why Japanese Mulberry Wood and its Craftsmen are National Treasures', www.moruslondinium.org, accessed 22 February 2017.

62 William Jackson Bean, *Trees and Shrubs Hardy in the British Isles*［1914］（London, 1936）, vol. II, p. 84.

63 John Claudius Loudon, *Arboretum et fruticetum britannicum*（London, 1838）, p. 1222.

年表

6350万年前	クワ属が初めて現れる。
260万年前	更新世が始まる：氷河期に森林面積が減少。
1万1700年前	氷河期が終わる：温帯林が現れる。
前4000年	蚕がデザインされた象牙の杯が浙江省（中国）で作られる。
前2700年	山東省で中国の養蚕が始まる。浙江省湖州銭山漾遺跡で発見された絹のリボン，糸，織物の断片。
前2640年	絹を発見した養蚕の始祖の伝説が生まれる。
前2600～前2300年	山西省の黄河流域にある仰韶文化の遺跡の半分に切られた蚕繭。
前2450年	インダス川流域で，自生する森の木を餌にする野生のヤママユ属の蛾を使って作った「タッサー」シルクの証拠。
前1600～1046年	殷王朝の時代，中国人はすでに在来のホワイトマルベリー（*Morus alba*）を栽培。
前第1千年紀	中国人が黄河から南へ移動。
前1046～256年	周の時代：絹織りに言及する民謡。
前800年	小笠原諸島（日本）で発見されたオガサワラグワ（*Morus boninensis*）の苗が生育し始める。
前594年	周代（中国）の魯の国で相続された桑畑に課税。
前476～前225年	戦国時代：養蚕に女性が桑鎌を使用。
前6～前5世紀	古代ギリシア人が絹と養蚕を知る。エゼキエルがバビロンのアモルギスに言及。
前384～前322年	アリストテレスが『動物誌』に蚕について書く。
前371～前287年	ギリシアの哲学者テオフラストスが桑（シカミノス）とシカモア（シカミノス・アエギュプティア）を区別する。
前350年	ギリシア新喜劇の詩人がブラックマルベリーの果汁で頬を染めることについて書く。
前202～後220年	中国で漢王朝。
前206～後9年	『氾勝之書』に桑の栽培技術が詳細に書かれる。
前138年	漢王朝が中国と中央アジアの交易の可能性を理解する。
前2世紀	中国人移住者が朝鮮半島に養蚕をもたらす。

前70〜前19年	ローマの詩人ウェルギリウスが養蚕について書く。
前65〜前8年	ローマの詩人ホラティウスがブラックマルベリーの実について書く。
前58年	ユリウス・カエサルがガリア（現在のフランス南部）に侵入する。
前1世紀	ローマ人がフランスにブラックマルベリーをもたらす。
前43〜後17年	ローマの詩人オウィディウスが『ピュラモスとティスベ』を書く。
後14〜37年	ローマ皇帝ティベリウスが絹の着用に関する贅沢規制法を発布する。
前25〜後220年	後漢の時代：養蚕が揚子江流域の平野へ移る。
後23〜79年	大プリニウスが桑と絹生産について書く。
43〜84年	ローマのイングランド侵入。
1〜2世紀	ローマ人がイングランドへブラックマルベリーをもたらす。
105年	漢代の中国で蔡倫が桑の樹皮の紙を作る。
110〜180年	パウサニアスが「セレス（中国）の人々」，絹，蚕について書く。
150〜350年	ホータン（タリム盆地）でホワイトマルベリーを使った養蚕。
224〜641年	ササン朝ペルシア帝国が興る（641年滅亡）。
260年	サマルカンドの都市国家（現在のウズベキスタン内）が交易——そしてもしかしたら養蚕——の一大中心地になる。
330年	コンスタンティヌス1世がローマの首都をビザンティウムへ移し，コンスタンティノープルと改称する。
386〜534年	北魏：農民が政府から提供された農地2ヘクタールごとに50本の桑の木を植えるよう求められる。
410年	ローマ人がイングランドを去る。
486年	ローマ人がガリアを去る。
500〜640年	ブラックマルベリーを使う養蚕がササン朝ペルシアへもたらされる。
527年	ユスティニアヌス1世がビザンティン帝国の支配者になる。
533〜544年	中国の『斉民要術』に桑栽培に関する章が書かれる。
550年	テュルク系のブルガール人が黒海から中国国境までの地域を支配。
552年	ブラックマルベリーを使う養蚕がビザンティウムへもたら

	される。
7世紀	アフガニスタンのルバーブという弦楽器が桑材から作られる。
7～8世紀	イスラムの中央アジア征服。奉納された板に養蚕をホータンにもたらした冠をかぶった皇女が描かれる。
618～907年	唐代：最古の紙幣。
622～632年	イスラムの支配がアラビア半島全土に広がる。
706年	知られている最古の木版印刷物（無垢浄光大陀羅尼経）がマルベリー紙に刷られる。
711～788年	ウマイヤ朝がブラックマルベリーと養蚕をイベリア半島にもたらす。
751年	イスラム軍がタラス渓谷で中国の唐軍を破る。
802年	シャルルマーニュが布告にブラックマルベリーを載せる。
868年	1900年に敦煌（中国）の蔵経洞で王円籙によって発見された金剛般若経がマルベリー紙に刷られる。
918～1392年	朝鮮半島に高麗王国――韓紙というマルベリー紙の評判がピークに達する。
960～1127年	宋代中国：桑を植えることが役人の出世の判断基準になる。
10世紀	蘇易簡による文書で，中国の北部で桑の樹皮（桑皮）が紙を作るのに使われたことが確認できる。この頃にはコンスタンティノープルが絹製造の中心地。
12世紀	シチリア王国のルッジェーロ2世がローマ以南のイタリアの大部分を領有する。イタリア南部で養蚕が盛んになる。
1147年	シチリアの提督アンティオキアのゲオルギオスがペロポネソス半島とテーバイの町に攻撃を仕掛け，腕の立つ絹職人を捕らえる。
1170年	カンタベリー大聖堂でのトマス・ベケットの殺害：目撃者のジェルベイズが桑の木に言及。
1204年	第4回十字軍によるコンスタンティノープルの破壊。
1219～25年	モンゴルによる征服で中央アジアの養蚕のための灌漑施設が破壊される。
1271～95年	マルコ・ポーロが大都（北京）へ旅し，フビライ・ハーンのもとにとどまる。
13世紀	ヴネサン伯領（フランス）に養蚕のためにブラックマルベ

	リーが植えられる。
1368〜1644年	明代（中国）の農民が木を3年で600本植えるよう求められる。
1434年	フランチェスコ・ブオンヴィチーノがホワイトマルベリーをペーシャ（イタリア北部）にもたらす。
1441年	フィレンツェ当局が小作農に年に3〜50本の桑を植えるよう求める。
1453年	オスマン帝国によりコンスタンティノープル陥落。
1466年	ルイ11世（1423〜1483年）がリヨンで絹産業を奨励しようとする。
1481年	ネッロ・ディ・フランチェスコがシエナに1万本の桑を植える。
1483〜98年	フランスでシャルル8世が養蚕を奨励する。
1492年	アルハンブラ勅令によりカトリックに改宗しないユダヤ人がスペインを追放される。
1494年	ギー＝パプ・ド・サントーバンがフランスに初めてホワイトマルベリーを植える。
1531年	スペインの入植者がオアハカ（メキシコ）でレッドマルベリー（*Morus rubra*）を見つけ，養蚕のためにカイコガ（*Bombyx mori*）を導入する。
1536〜41年	ヘンリー8世とその側近トマス・クロムウェルがイングランドのカトリック修道院を解散させる。
1540年	フランソワ1世がリヨンに輸入生糸の独占権を与える。
1548年	ウィリアム・ターナーがロンドン近郊のサイオン・ハウスでブラックマルベリーを見たと記録する。
1550年	イタリアの絹がフランスの輸入量の30パーセント，北海沿岸の低地帯諸国の輸入量の20パーセントを占める。
1554年	アンリ2世がフランスにおける絹の製造を管理する法律を初めて発布する。
1561年	ヨセフ・ナジがガリラヤ湖沿岸で養蚕を始める。
1572年	フランスで聖バーソロミューの日の虐殺により絹の織工も含め1万人のユグノー教徒が殺される。
1589〜1610年	ナバルのアンリ4世（在位1589〜1610年）がフランスの養蚕を支援する。

1594～95年	シェイクスピアが『夏の夜の夢』に桑のことを書く。
1596年	フランソワ・トローカがニームでホワイトマルベリーの木の種苗場を始める。
1597年	シェイクスピアがブラックマルベリーの木のあるストラトフォード＝アポン＝エイヴォンのニュー・プレイスを購入する。ジョン・ジェラードが『本草書』で桑に言及する。
1599年	アンリ4世が土地所有者に家の周囲にホワイトマルベリーを植えるよう求める。
1601年	オリヴィエ・ド・セールが1万5000～2万本のホワイトマルベリーの木をパリのアンリ4世のルーブル宮に隣接するテュイルリー庭園に植える。
1602年	フランスでジャン＝バティスト・ルテリエが養蚕のマニュアルを出版する。
1603～1868年	日本の江戸時代：指物の伝統工芸が皇室の茶道具と家具に桑材を使用する。
1604年	ヴィチェンツァで約72.6トンの絹が生産される。
1605～09年	ウィリアム・シェイクスピアが『コリオレイナス』に熟した桑の実のやわらかさについて書く。
1607年	ジェームズ1世が統監たちに手紙を書いて，イングランドで絹産業を興すために1万本の桑を植えるよう求める。10万本のブラックマルベリーの苗木を輸入する。ジェームズがセント・ジェームズ宮殿，グリニッジ，シオボールズ，オートランズの敷地に1万本を植える。オリヴィエ・ド・セールによるフランス語の養蚕の手引書をニコラス・ジェフが英語に翻訳する。これをウィリアム・ストーレンジが出版する。
1607～09年	ヴァージニアで在来のレッドマルベリーを用いた養蚕の最初の試み。
1608年	テムズ川が凍結する。17世紀の間，テムズ川でフロスト・フェアが何度も開かれる。イギリスは小氷河期にある。
1609年	ケンブリッジ大学の4カレッジ（クライスツ，コーパス・クリスティ，エマニュエル，ジーザス）が養蚕のためのブラックマルベリーを植える。
1610年	アンリ4世がカトリックの狂信者によって暗殺される。

1611年	グリニッジの近くにジェームズの息子ヘンリーの家庭教師の住まいとして建てられたチャールトン・ハウスが完成する。養蚕のための桑が植えられる。
1623年	ヴァージニアの農民，少なくとも10本の桑（レッドマルベリー）の木を植えなければ10リーブルの罰金が科せられる。
1629年	イングランドに初めてレッドマルベリーが植えられる。
1630年	チャールズ1世がジョン・トラデスカント（父）を王の蚕と桑の管理者に任命する。
1639年	フランシス・ワイアット卿がヴァージニアでの養蚕に在来のレッドマルベリー（*M. rubra*）ではなくホワイトマルベリー（*M. alba*）を植えることを推奨する。
1644～1911年	清代：中国の養蚕のために大規模に桑を栽培する。
1652年	ルイ14世がリヨン産の絹に対する課税を廃止する。
1654年	ルイ14世がヴェルサイユ宮殿を建てる。
1656年	ルイ14世がジャン・アンドルに特許状を与えて養蚕と絹の靴下工場のためにマドリード城を使用することを許可する。
1660年	チャールズ2世が王位に復帰し，イングランドの養蚕を振興する。
1664年	ジョン・イーヴリンが『シルヴァ，森の木と樹木の増殖について』を出版する。
1668年	サミュエル・ピープスがロンドンのマルベリー・ガーデンについて書く。
1682年	探検家のアンリ・デ・トンティとラ・サール卿がナチェズの村でレッドマルベリーの内樹皮から作ったマントを着ている老人を見かける。
1685年	ルイ14世がフォンテンブロー勅令を出してナントの勅令を廃止したため，ユグノー教徒の織工のおもにイングランドとオランダへの移住が進む。
1720～23年	ロー・シルク社がチェルシー（ロンドン）に桑園を開く。
1722～23年	伝染病がアヴィニョンの絹生産者に打撃を与える。
1725年	ペンシルヴェニアで養蚕が始まる。
1732年	ジョージアで養蚕が始まる。
1740年代	プロイセンのフリードリヒ2世が桑の植栽を奨励する。
1752年	リヨンの絹織物業者が地元の養蚕のための桑の木の不足を

訴える。

1755年　サウスカロライナの農園主イライザ・ルーカス・ピンクニーが，3着のドレスを作るのに十分な量，自分のところの絹をイングランドに持ち込む。

1756年　プロイセンが布告を出して外国の絹の輸入を禁じる。ストラトフォード＝アポン＝エイヴォンでフランシス・ガストレルがシェイクスピアの桑の木を切り倒す。

1759年　サバンナ（ジョージア州）の絹の繰糸場が国内産の蚕繭を4535キロ仕入れる。

1763年　リヨンの王立農業協会のマチュー・トーメがフランスの養蚕を「衰退」から救うと誓う。

1769年　シェイクスピアのブラックマルベリーの木材で作られた箱が俳優のデイヴィッド・ギャリックに贈られる。

1776年　独立戦争がアメリカの養蚕に打撃を与える。

1821年　フランスの植物学者ジョルジュ・ゲラール＝サミュエル・ペロテがフィリピンでホワイトマルベリーの新しい変種（*Morus alba* var. *multicaulis*，ログワ）を発見する。

1823年　アメリカでサミュエル・ホイットマーシュがログワの穂木の需要をあおる。

1824年　リヨンの絹織機が再び昼も夜も稼働する。

1829年　コンベという人物がヴァンセンヌ（パリ）の近くの土地に4万本の桑を所有していると記録。

1836年　ヌイイ（パリ）に1万本のホワイトマルベリーの木が植わっていると記録。

1840年　フランスが2万6000トンの絹を生産。

1845年　微粒子病（蚕の病気）が初めてフランスで報告され，ヨーロッパ全土に広がる。

1853年　ペリー提督が小笠原諸島を訪れ，樹齢2800年のオガサワラグワ（*M. boninensis*）を発見する。

1865年　フランスの絹生産量が4000トンにまで減少する。

1872年　スエズ運河が開通し，日本の絹の輸出の増加につながる。

1889年　フィンセント・ファン・ゴッホがサン＝レミ（フランス）の桑の木を描く（自殺の1年前）。

1900〜1917年　サー・オーレル・スタインが中央アジアの古代の遺跡を発

	掘し，タクラマカン砂漠で化石化した桑の木を発見する。
1929年	ウォール街の株式市場で株価の大暴落。
1930年代	40パーセントを上まわる日本の農家が養蚕に従事する。
1932年	ゾーイ・レディ・ハート・ダイクがイングランドでルリングストーン絹工場となるものを始める。
1958年	クレヨラ社が扱う色の種類に「マルベリー」を加える。
1986年	中国の芸術家の梁紹基が蚕の生活環を題材にした作品を制作。
2012年	(桑材を使った)「アゼルバイジャンのタールの製作技能と演奏」がユネスコの無形文化遺産に登録される。
2014年	群馬県の絹生産工場跡（日本）がユネスコの世界遺産に登録される。
2017年	日本の熊本県が,「シルク・オン・バレー」と称して2100万ドル規模の「無菌」養蚕工場を開設する。

ピーター・コールズ（Peter Coles）
フリーランスのサイエンスライター，芸術写真家，翻訳家（フランス語から英語）。ロンドン大学ゴールドスミス・カレッジの都市・コミュニティ研究センターで客員指導教官を務め，写真術と都市文化の文学修士課程を担当。2016年に環境保全基金と協力してモルス・ロンディニウムを立ち上げた。これは，ロンドンにある歴史的な桑の木を記録し，保護し，意識を高めるプロジェクトで，2021年にヨーロピアン・ヘリテージ・アワードを受賞した。

上原ゆうこ（うえはら・ゆうこ）
神戸大学農学部卒業。農業関係の研究員を経て翻訳家。広島県在住。おもな訳書に，バーンスタイン『癒しのガーデニング』（日本教文社），ハリソン『ヴィジュアル版 植物ラテン語事典』，ホブハウス『世界の庭園歴史図鑑』，ホッジ『ボタニカルイラストで見る園芸植物学百科』，キングズバリ『150の樹木百科図鑑』，トマス『なぜわれわれは外来生物を受け入れる必要があるのか』，バターワース『世界で楽しまれている50の園芸植物図鑑』（原書房）などがある。

花《はな》と木《き》の図書館《としょかん》

桑《くわ》の文化誌《ぶんかし》

●

2022年3月24日　第1刷

著者……………ピーター・コールズ

訳者……………上原《うえはら》ゆうこ

装幀……………和田悠里

発行者……………成瀬雅人

発行所……………株式会社原書房

〒160-0022 東京都新宿区新宿 1-25-13

電話・代表 03(3354)0685

振替・00150-6-151594

http://www.harashobo.co.jp

印刷……………新灯印刷株式会社

製本……………東京美術紙工協業組合

ISBN 978-4-562-05971-3, Printed in Japan

桜の文化誌 《花と木の図書館》

C・L・カーカー／M・ニューマン著　富原まさ江訳

桜の花は日本やアジア諸国では特別に愛され、西洋でも古くから果実が食されてきた。その起源、樹木としての特徴、食文化、神話と伝承、文学や絵画への影響、健康効果等、世界の桜と人間の歴史を探訪する。２４００円

カーネーションの文化誌 《花と木の図書館》

トゥイグス・ウェイ著　竹田円訳

「神の花（ディアンツス）」の名を持つカーネーション。母の日に贈られる花、メーデーの象徴とされたのはなぜか。品種改良の歴史から名画に描かれた花など、カーネーションが人類の文化に残した足跡を追う。２４００円

柳の文化誌 《花と木の図書館》

アリソン・サイム著　駒木令訳

人類の生活のあらゆる場面に寄り添ってきた柳。古代の儀式、唐詩やシェイクスピアなどの文学、浮世絵やラファエル前派の絵画、柳細工、柳模様の皿の秘密など、実用的でありながら神秘的である柳に迫る。２４００円

ひまわりの文化誌 《花と木の図書館》

スティーヴン・A・ハリス著　伊藤はるみ訳

ひまわりとその仲間（キク科植物）はどのように世界中に広まり、観賞用、食用、薬用の植物として愛され、またゴッホをはじめ多くの芸術家を魅了してきたのか。人間とひまわりの六千年以上の歴史を探訪。２４００円

サボテンの文化誌 《花と木の図書館》

ダン・トーレ著　大山晶訳

痛い棘と美しい花、恐ろしい形と極上の甘み…複雑で不思議なサボテンは大昔から人間を魅了してきた。その生態、食材としての価値、栽培法、コレクター達の秘話ほか、サボテンと人間の歴史を多面的に描く。２４００円

（価格は税別）